Handlungsorientierte Materialien
in Wirtschaft und Verwaltung

Absatz/Marketing

von

Margit Bentin
Jürgen Böker
Thomas Kreye
Klaus Richter
Siegfried Rothe

unter Mitarbeit der Verlagsredaktion

Inhaltsverzeichnis

Vorwort

Die moderne kaufmännische Berufsausbildung muss sich den Anforderungen stellen, die der Strukturwandel in Wirtschaft und Gesellschaft hervorgebracht hat. Das reine Ansammeln von Faktenwissen verliert zunehmend an Bedeutung, stattdessen rückt Handlungsorientierung in den Vordergrund. Sogenannte Schlüsselqualifikationen, wie z. B. Denken in Zusammenhängen, Kreativität und Teamfähigkeit, bestimmen die Anforderungen an eine zukunftsweisende Berufsausbildung.

Um diesen Qualifikationsanforderungen gerecht werden zu können, müssen neue Lehr- und Lernmaterialien bereitstehen. Das vorliegende Arbeitsheft „Absatz/Marketing" versucht diese Erwartungen zu erfüllen.

Aus der Sicht des Modellunternehmens „POLAR AG" sind im Rahmen einer Fallstudie praxisnahe Probleme im Absatzbereich eines Konsumgüterherstellers zu bewältigen. Das bisherige Produktionsprogramm wird infolge von Umsatzeinbußen verändert; es stellt sich die Frage, ob aufgrund von Kundenwünschen das Produktionsprogramm umweltverträglicher gestaltet werden sollte. Die zur Falllösung notwendigen betriebswirtschaftlichen und rechtlichen Informationen sind in diesen handlungsorientierten Materialien enthalten, neueste wissenschaftliche Literatur wurde diesen Basisinformationen zugrunde gelegt.

Im Rahmen dieser Makrosequenz „Absatz/Marketing" wird der Marktforschung und -erkundung breiter Raum gegeben, kreative Aktivitäten der Schülerinnen und Schüler werden dabei bewusst einbezogen. Auch der Einsatz des absatzpolitischen Instrumentariums verlangt von den Lernenden viel Selbstständigkeit und Ideenreichtum. Zum Abschluss der Fallstudie werden Probleme des internationalen Marketings aufgeworfen, da es sich bei der POLAR AG um ein international tätiges Unternehmen handelt. Infolge der umfangreichen Marketingaktivitäten der POLAR AG ergibt sich darüber hinaus die Fragestellung, ob auch der organisatorische Aufbau des Unternehmens verändert werden soll.

Abgerundet wird die Makrosequenz „Absatz/Marketing" in Form einer Fallerweiterung durch die Behandlung wettbewerbsrechtlicher Fragestellungen im Absatzbereich. Dabei wurden alle für diesen Bereich wesentlichen Gesetze berücksichtigt.

Im Anhang befinden sich Aufgaben zur Festigung und Vertiefung, mit deren Hilfe überprüft werden kann, ob das notwendige Basiswissen im Bereich Marketing beherrscht wird. Der Anhang weist darüber hinaus Aufgaben zum E-Commerce und zur Portfolio-Analyse auf, um aktuelle Trends zu berücksichtigen. Außerdem enthält der Anhang ein Feedback-Fax, das den Lernenden die Möglichkeit bietet, sich per Fax zu den gesammelten Erfahrungen im Umgang mit dem Arbeitsheft zu äußern. Die Angaben zur Person sind freiwillig. Das Autorenteam wäre für die Beantwortung der Fragen dankbar und würde sich über zahlreiche Feedback-Faxe mit Stellungnahmen, kritischen Hinweisen und Verbesserungsvorschlägen freuen.

Autoren und Verlag   Braunschweig 2009

Methodische Hinweise

Das vorliegende Arbeitsheft sollte möglichst in Gruppen- oder Partnerarbeit abschnittweise erarbeitet werden, um die Kooperationsfähigkeit der Lernenden zu fördern. Ein spezielles Piktogramm gibt an, an welchen Stellen eine Auswertung der Gruppenergebnisse unter Hinzuziehung der Lehrkraft bzw. des Ausbilders empfehlenswert ist. Selbstverständlich kann die Lerngruppe auch andere Entscheidungen treffen. Die Lehrkraft sollte sich prinzipiell eher als Moderator/-in oder Lernberater/-in in den Lehr-Lern-Prozessen begreifen, die Schüler und Schülerinnen sollten so stark wie möglich selbstständig die Lernaktivitäten steuern.

Das Lerngebiet Absatz wird in Form einer Fallstudie von den Lernenden erschlossen. Dabei wurde vom Autorenteam Wert darauf gelegt, dass das Lerntempo von den Schülerinnen und Schülern selbst bestimmt werden kann. Zu diesem Zweck ist es möglich, Aufgaben aus Zeitgründen zu überspringen oder zusätzliche Aufgabenstellungen zu integrieren. Beispielsweise können weitere Erkundungen zu einzelnen Sachverhalten (z.B. Interviews in ausgewählten Unternehmen) in die Fallbearbeitung einbezogen werden, ohne dass der rote Faden der Fallstudie verloren geht. Die Lernenden sollten in diesem Sinne flexibel mit dem Arbeitsheft umgehen, um so ihren individuellen Lernvoraussetzungen gerecht werden zu können.

Auch die Integration von Mathematikinhalten oder die Anwendung des PC kann individuell gehandhabt werden.

Die entsprechenden Piktogramme im Arbeitsheft haben Empfehlungscharakter, eine Änderung des Vorgehens ist problemlos möglich.

Die im Arbeitsheft zur Verfügung gestellten Informationsmaterialien sind so gestaltet worden, dass mit ihrer Hilfe sämtliche Aufgabenstellungen bewältigt werden können. Selbstverständlich gilt auch hier, dass Ergänzungen durch weitere Materialien (z.B. Fachbücher, Gesetzestexte) jederzeit möglich sind. Falls die Zeit es zulässt, könnten zusätzliche Exkursionen (z.B. Besuch von Bibliotheken) durchgeführt werden.

Die Aufgaben im Anhang haben Übungscharakter, sie können sowohl abschnittweise in die Fallbearbeitung einbezogen als auch zum Schluss in ihrer Gesamtheit als Lernzielkontrolle verstanden werden. Die Aufgaben dienen der Festigung und Vertiefung: Sie sind so gestaltet worden, dass sie Fach-, Methoden- und Sozialkompetenz fördern.

Im Anhang sind Rollenkarten enthalten, die im Zusammenhang mit der Aufgabe 24 benutzt werden können. Ihr Einsatz soll zunächst Sicherheit im Umgang mit einem Rollenspiel vermitteln, sie können in einer zweiten Spielrunde dieser Aufgabenstellung ohne Weiteres kreativ verändert werden.

Das Autorenteam wünscht viel Spaß beim kreativen Umgang mit dem Arbeitsheft.

Piktogramm-Erläuterung

In diesem Arbeitsheft werden die folgenden Piktogramme als Orientierungshilfen verwendet:

 Die Fallstudie zu den Marketingaktivitäten des Konsumgüterherstellers POLAR AG ist chronologisch aufgebaut; sie beginnt am 30. April und endet am 30. September. Die Fallerweiterung zu den rechtlichen Aspekten des Marketings folgt am 15. Oktober.

 Dieses Piktogramm kennzeichnet die betriebswirtschaftlichen und rechtlichen Informationen, die zur Falllösung notwendig sind. Vertiefende Informationen können bei Bedarf z.B. mithilfe des im Anhang befindlichen Literaturverzeichnisses beschafft werden.

 Mathematische Inhalte sind in die Fallstudie integriert. Der Einsatz des Taschenrechners erscheint an den gekennzeichneten Textstellen als sinnvoll.

 Das PC-Symbol zeigt an, bei welchen Arbeitsschritten die Anwendung neuer Technologien bei Bedarf erfolgen kann.

 Dieses Piktogramm kennzeichnet Arbeitsaufträge. Die Lösungen zu den Aufgaben sollten zunächst mit einem Bleistift eingetragen werden, damit Korrekturen bei der Auswertung und dem Vergleich der Antworten möglich sind.

 Dieses Piktogramm zeigt an, an welchen Stellen des Arbeitsheftes eine Auswertung der Gruppenergebnisse mithilfe einer Lehrkraft oder eines Ausbilders sinnvoll erscheint. Es handelt sich hierbei um Vorschläge. Die zeitliche Einteilung der Auswertungsphasen kann verändert werden.

Wir, die POLAR AG, Münster, sind ein international tätiges Industrieunternehmen der Konsumgüterbranche, das sogenannte Weißgeräte herstellt.

Auszug aus der Firmenchronik

1902: Otto Polar und Wilhelm Kaiser gründen am 1. April 1902 in Coesfeld (Westfalen) die POLAR & Cie.[1] mit acht Mitarbeitern zur Herstellung von Buttermaschinen. Die Maschinen bestehen aus einem Eichenholzfass mit Rührwerk.

1903: Ausdehnung der Produktion auf Waschmaschinen, die in dieser Zeit ebenfalls aus einem Eichenholzfass mit Rührwerk bestehen.

1905: Waschmaschinen mit Transmissionsantrieb werden gebaut und angeboten.

1908: Verlegung des Betriebes mit 52 Mitarbeiterinnen/Mitarbeitern nach Münster (Westfalen), wo ein größeres Grundstück mit Gleisanschluss erworben werden kann.

1912: Das Unternehmen wächst: Gießerei, Emailliererei und ein Sägewerk kommen hinzu, die Mitarbeiterzahl steigt auf 380.

1915: Produktionserweiterung auf Waschmaschinen mit Elektro- und Wassermotorantrieb.

1917: Auf dem Firmengelände wird ein neues Werk für Elektromotoren errichtet.

1925: Die erste elektrisch angetriebene Trommelwaschmaschine wird von uns auf den Markt gebracht.

1927: Der Absatz von elektrisch angetriebenen Trommelwaschmaschinen steigt sprunghaft an; es werden verschiedene Modelle angeboten. Ein umfangreiches Vertriebsnetz wird in Deutschland aufgebaut.

1930: Die erste Ganzmetall-Waschmaschine kommt auf den Markt.

1945: Beginn des Wiederaufbaus der im Krieg beschädigten Werke in Münster

1953: Ausdehnung des Vertriebsnetzes auf das westeuropäische Ausland

1961: Die ersten Waschvollautomaten laufen vom Band, das Pro-

---

1 Abkürzung für Compagnie

duktionsprogramm wird um Wäschetrockner, Geschirrspüler und Kühl- und Gefriergeräte erweitert. Das Unternehmen ist aufgrund seiner hochwertigen Qualitätsprodukte Marktführer im oberen Preissegment geworden. Der Vertrieb des Produktionsprogramms erfolgt zu ca. 80 % über den Facheinzelhandel.

1970: Aufgrund der in den Sechzigerjahren stark gestiegenen Umsätze wird auf dem Firmengelände ein zeitgemäßer Neubau für Verwaltung, Produktion und Vertrieb errichtet.

1977: Zum 75-jährigen Bestehen wird die POLAR & Cie. aufgrund der Expansion des Unternehmens in eine Aktiengesellschaft, POLAR AG, umgewandelt. Im europäischen Ausland versorgen bereits firmeneigene Verkaufsgesellschaften den Fachhandel mit POLAR-Geräten.

1984: Das Unternehmen baut computergesteuerte Waschvollautomaten, Wäschetrockner und Geschirrspüler.

1986: Neue Vertriebsgesellschaften entstehen in den USA (New York) und in Südafrika (Johannesburg).

1987: Neue Wasch- und Trockenautomaten mit fünf Kilogramm Fassungsvermögen erweitern die Produktpalette.

1991: In Singapur wird die erste firmeneigene Vertriebsgesellschaft in Asien errichtet.

1996: Entwicklung spezieller Energiesparschaltungen für Waschvollautomaten, Wäschetrockner und Geschirrspüler

1997: Multimediale Präsentation des gesamten Fertigungsprogramms im Internet unter www.polar-ag.com

2002: Patentierung einer Energiesparelektronik mit Sensoren für die jeweilige Maschinenauslastung (auslastungsabhängiger Energiesparmodus „ESM").

2009: Joint-Venture-Produktionsunternehmen in der Volksrepublik China mit dem Partnerunternehmen „Chong Wang" in Shanghai und Eröffnung einer firmeneigenen Vertriebsgesellschaft in Shanghai

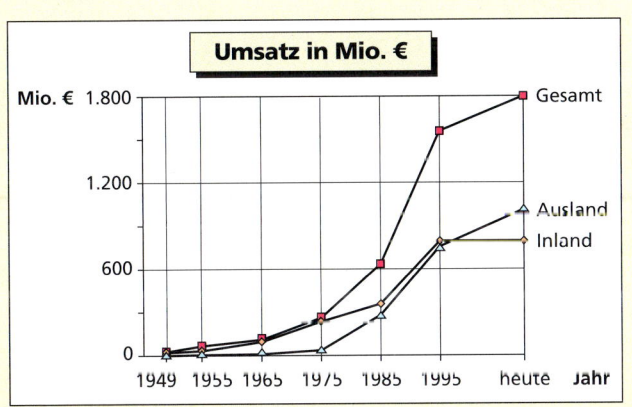

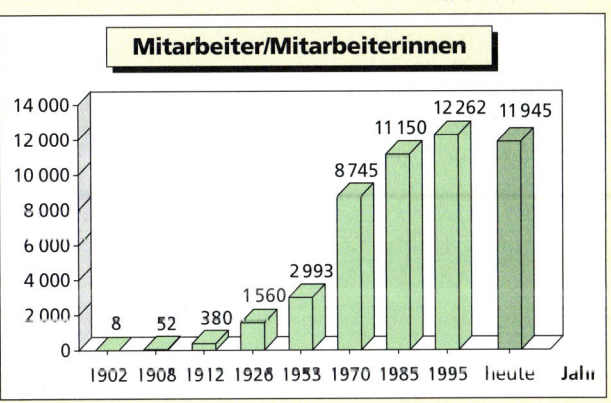

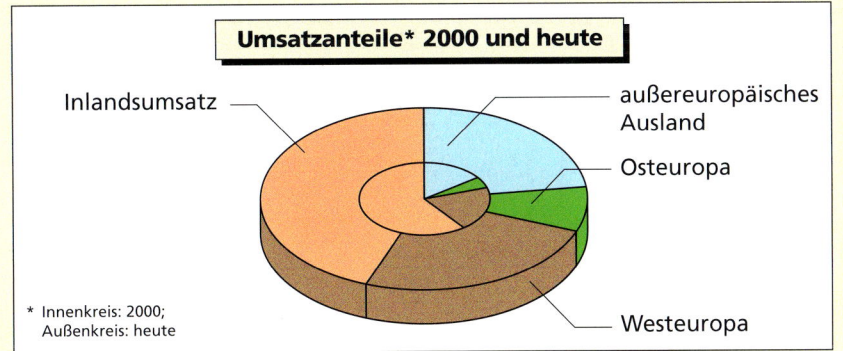

Aufgabe 1:

Charakterisieren Sie die POLAR AG anhand der Firmenchronik und der Statistiken.

a) Skizzieren Sie stichwortartig die technische Entwicklung der Produkte.

b) Welche Unternehmensentwicklung lässt sich aus der Firmenchronik und dem statistischen Material ablesen? Begründen Sie Ihre Aussage.

....

....

....

....

....

Verhältniszahlen

Die Aussagekraft statistischen Datenmaterials lässt sich durch die Bildung von Verhältniszahlen erhöhen.

Verhältniszahlen erhält man, wenn man absolute Zahlenwerte zueinander in Beziehung setzt und dieses Verhältnis in Prozent angibt.

Man unterscheidet zwischen Gliederungs-, Beziehungs- und Indexzahlen.

Mithilfe von **Gliederungszahlen** bezieht man Teilgrößen auf eine Gesamtgröße.

Beispiel: In einem Unternehmen arbeiten 5 420 Beschäftigte, davon 1 225 im Ausland. Wie viel Prozent der Beschäftigten sind im Ausland tätig?

$$\text{Gliederungszahl} = \frac{\text{Teilgröße} \cdot 100}{\text{Gesamtgröße}} \qquad x = \frac{1\,225 \cdot 100}{5\,420} = 22{,}6\,(\%)$$

Mithilfe von **Beziehungszahlen** drückt man aus, in welchem Verhältnis zwei verschiedenartige Größen zueinander in Beziehung stehen.

Beispiel: Ein Unternehmen hat einen Reingewinn von 653.458,00 GE[1] mit einem Eigenkapital von 15.375.500,00 GE erzielt. Wie viel Prozent beträgt der Reingewinn in Beziehung zum Eigenkapital?

$$\text{Beziehungszahl} = \frac{\text{Größe 1} \cdot 100}{\text{Größe 2}} \qquad x = \frac{100 \cdot 653.458{,}00}{15.375.500{,}00} = 4{,}3\,(\%)$$

Mithilfe von **Indexzahlen** bezieht man gleichartige Zahlenwerte aus einer Zahlenreihe auf einen Basiswert, der 100 entspricht. Die Indexzahlen zeigen die Entwicklung eines Vorgangs innerhalb eines bestimmten Zeitraumes auf.

Beispiel: Eine Tankstelle hat in den letzten 4 Jahren folgende Umsätze erzielt:

Jahr	Umsatz (GE*)	Indexzahl
01	672.525,00	100
02	711.485,00	105,8
03	748.312,00	111,3
04	795.111,00	118,2

Wie hat sich der Umsatz des Jahres 02 gegenüber dem Jahr 01 entwickelt?

$$\text{Indexzahl} = \frac{\text{Vergleichszahl} \cdot 100}{\text{Basiszahl}} \qquad x = \frac{711.485{,}00 \cdot 100}{672.525{,}00} = 105{,}8$$

1 GE: Geldeinheiten

Aufgabe 2:

Welche statistischen Größen aus den drei auf Seite 7 dargestellten Diagrammen können sinnvollerweise zueinander in Beziehung gesetzt werden, um betriebswirtschaftlich wichtige Verhältniszahlen zu ermitteln?

Erklären Sie mögliche Ursachen aus der abzulesenden Entwicklung und stellen Sie diese in geeigneter Form der Klasse dar.

Aufgabe 3:

Erläutern Sie die Stellung der POLAR AG in der Gesamtwirtschaft und deren unternehmerische Zielsetzung.

Unser Produktionsprogramm umfasst heute folgende Produktgruppen:

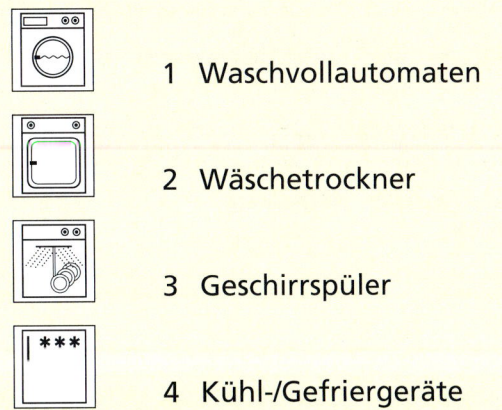

1 Waschvollautomaten

2 Wäschetrockner

3 Geschirrspüler

4 Kühl-/Gefriergeräte

Unser Hauptsitz für Produktion und Verwaltung befindet sich seit 1908 in Münster. 1992 haben wir in Dresden eine Produktionsstätte für Geschirrspüler errichtet, seit September 1994 produzieren wir Bauteile für FCKW-freie Kühlschränke in Brno (Brünn/Tschechien). Seit März 2002 lassen wir spezielle Energiesparschaltungen in Lodz (Polen) produzieren.

An unserem Hauptsitz in Münster sind 9 023, in Dresden 875 und in Brno 2 147 Mitarbeiterinnen/ Mitarbeiter beschäftigt. Der Gesamtumsatz des letzten Geschäftsjahres betrug 1,8 Mrd. €.

Aufgabe 4:

Aus welchen Gründen könnte die POLAR AG Ihrer Meinung nach Dresden und Brno als neue Produktionsstätten gewählt haben?

Stützen Sie Ihre Meinung mit Berichten und Grafiken aus dem Wirtschaftsteil von Tageszeitungen zur aktuellen Standortdiskussion. Präsentieren Sie Ihre Ergebnisse in geeigneter Form der Klasse. Beachten Sie dazu die im hinteren Innendeckel abgedruckten Präsentationsregeln.

Die folgende Karte zeigt die Verteilung unserer Auslandsvertriebsgesellschaften und spiegelt damit unsere Aktivitäten auf dem Weltmarkt wider:

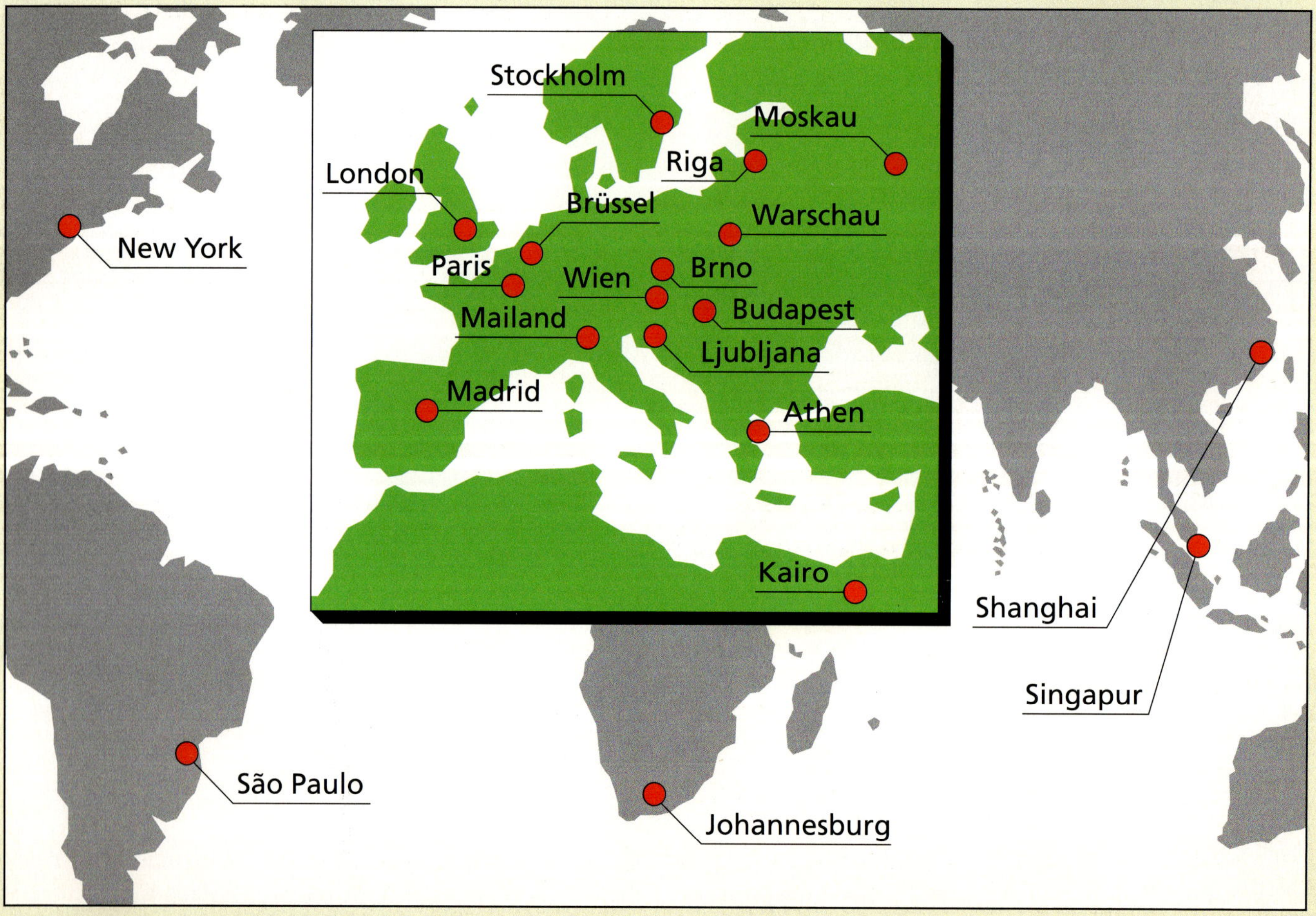

New York
Stockholm
Moskau
London
Riga
Brüssel
Warschau
Paris
Wien
Brno
Mailand
Budapest
Ljubljana
Madrid
Athen
Kairo
Shanghai
Singapur
São Paulo
Johannesburg

Über den Umsatzanteil auf Auslandsmärkten gibt die folgende Tabelle Auskunft:

Land	POLAR AG: Auslandsumsatz im letzten Geschäftsjahr	
	in Mio. €	in % vom Gesamtumsatz
Westeuropa	**468**	**26,0**
Frankreich	126	7,0
Italien	90	5,0
GB/Irland	63	3,5
Skandinavien	45	2,5
Belgien/Lux.	36	2,0
Niederlande	27	1,5
Österreich	27	1,5
Spanien	18	1,0
Portugal	18	1,0
Schweiz	18	1,0
Osteuropa	**144**	**8,0**
USA/Kanada	**126**	**7,0**
Mittel- und Südamerika	**81**	**4,5**
Afrika	**54**	**3,0**
Asien	**135**	**7,5**
übrige Länder	**18**	**1,0**
Auslandsumsatz gesamt	**1.026**	**57,0**

Aufgabe 5:

Bearbeiten Sie folgende Aufgabenstellungen:

a) Beurteilen Sie die Bedeutung der einzelnen Exportmärkte für die POLAR AG im letzten Geschäftsjahr.

....

....

....

....

....

b) Welche Auslandsmärkte könnten in den nächsten Jahren für die POLAR AG von besonderem Interesse sein? Begründen Sie Ihre Meinung.

....

....

....

....

Die zunehmende Einbindung des Unternehmens in den Weltmarkt hat in den letzten Jahren zu folgender Organisationsstruktur geführt:

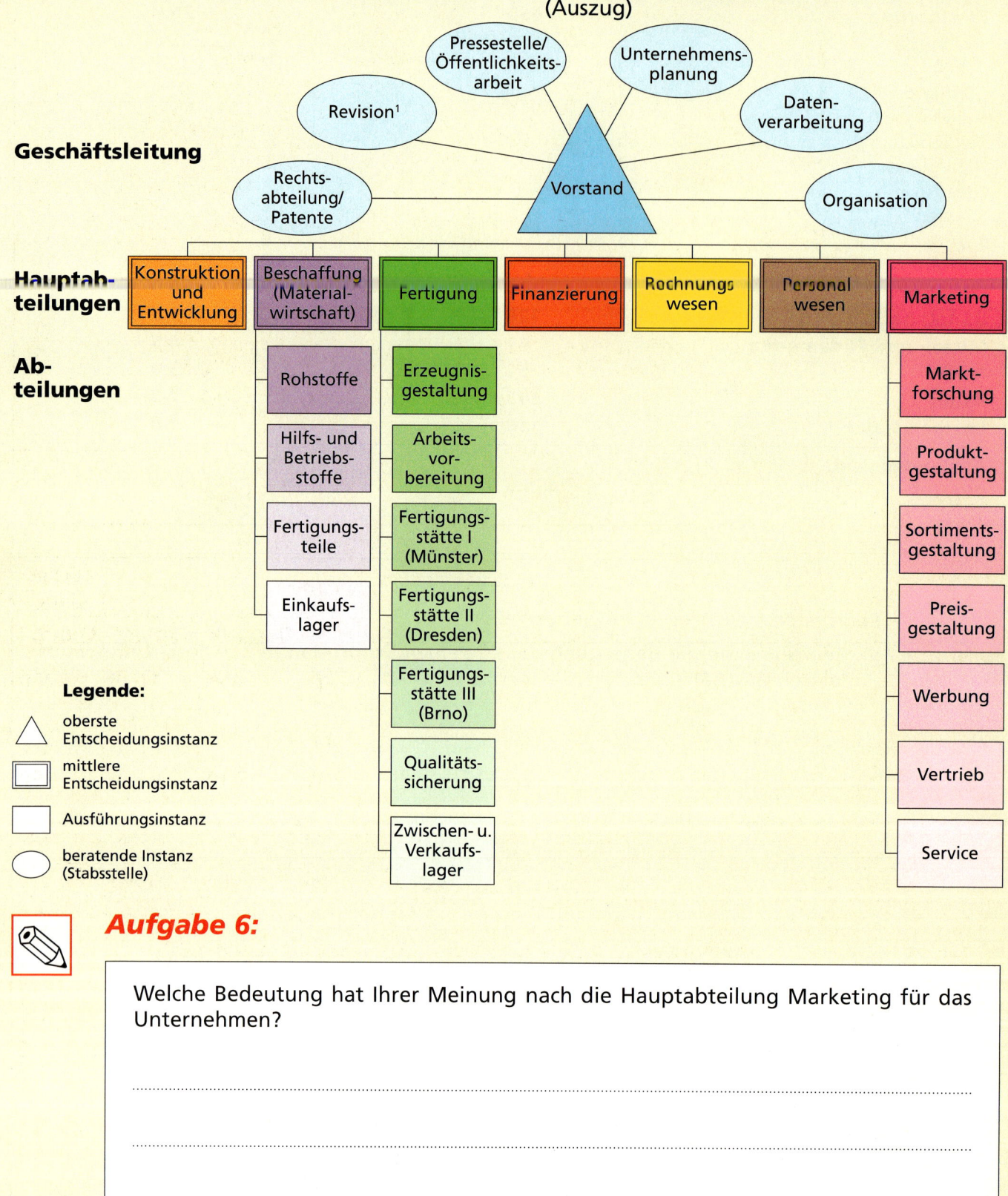

POLAR AG: Organigramm
(Auszug)

Geschäftsleitung

Revision[1] · Pressestelle/Öffentlichkeitsarbeit · Unternehmensplanung · Datenverarbeitung · Rechtsabteilung/Patente · Vorstand · Organisation

Hauptabteilungen

Konstruktion und Entwicklung · Beschaffung (Materialwirtschaft) · Fertigung · Finanzierung · Rechnungswesen · Personalwesen · Marketing

Abteilungen

Beschaffung: Rohstoffe · Hilfs- und Betriebsstoffe · Fertigungsteile · Einkaufslager

Fertigung: Erzeugnisgestaltung · Arbeitsvorbereitung · Fertigungsstätte I (Münster) · Fertigungsstätte II (Dresden) · Fertigungsstätte III (Brno) · Qualitätssicherung · Zwischen- u. Verkaufslager

Marketing: Marktforschung · Produktgestaltung · Sortimentsgestaltung · Preisgestaltung · Werbung · Vertrieb · Service

Legende:

△ oberste Entscheidungsinstanz

▢ mittlere Entscheidungsinstanz

☐ Ausführungsinstanz

⬯ beratende Instanz (Stabsstelle)

Aufgabe 6:

Welche Bedeutung hat Ihrer Meinung nach die Hauptabteilung Marketing für das Unternehmen?

....

....

....

....

....

1 Revision: unternehmensinterne Kontrollinstanz, insbesondere für das Rechnungswesen

30
April

Auf der heutigen Abteilungsleiterkonferenz Marketing sollen unter Leitung von Frau Dr. Westphal die neuen Absatzzahlen der vier Produktgruppen mit der vorangegangenen Absatzentwicklung verglichen werden.

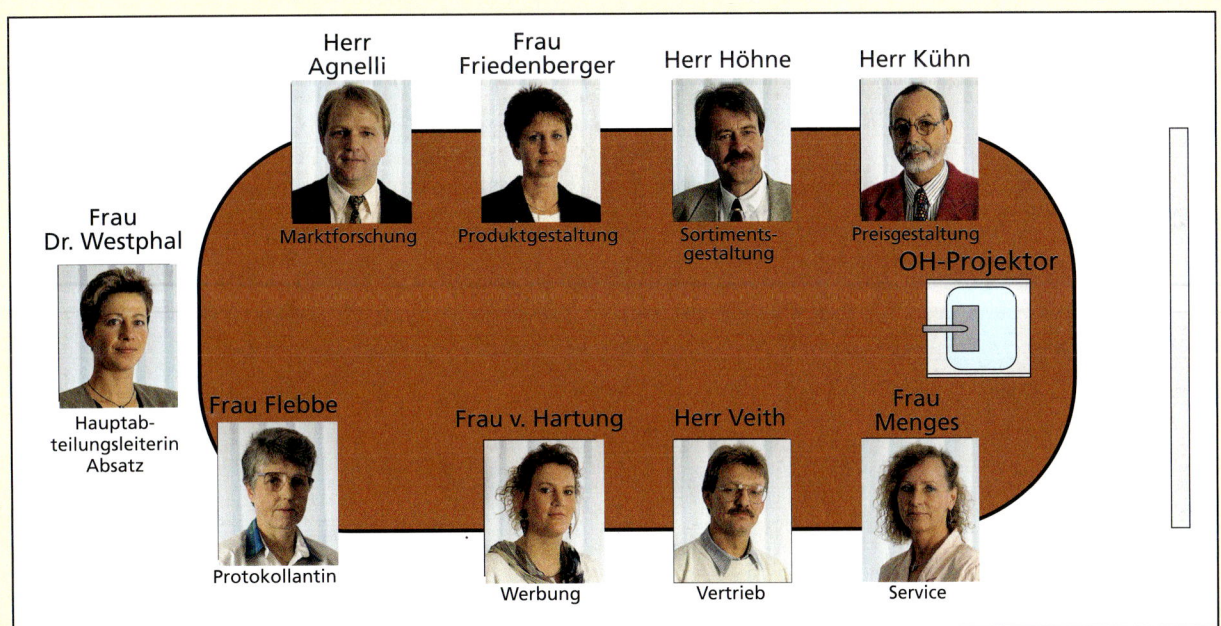

Den Anwesenden liegen folgende Vergleichswerte zur Auswertung vor:

	Absatz in tausend Stück						
	vorletztes Jahr	letztes Jahr					dieses Jahr
Produktgruppe	Gesamt	Quart. I	Quart. II	Quart. III	Quart. IV	Gesamt	Quart. I
1 Waschvollautomaten	1 580	410	390	370	460	1 630	420
2 Wäschetrockner	380	100	80	80	130	390	105
3 Geschirrspüler	1 320	330	310	230	210	1 080	190
4 Kühl-/Gefriergeräte	1 840	400	500	380	700	1 980	490
GESAMT	5 120	1 240	1 280	1 060	1 500	5 080	1 205

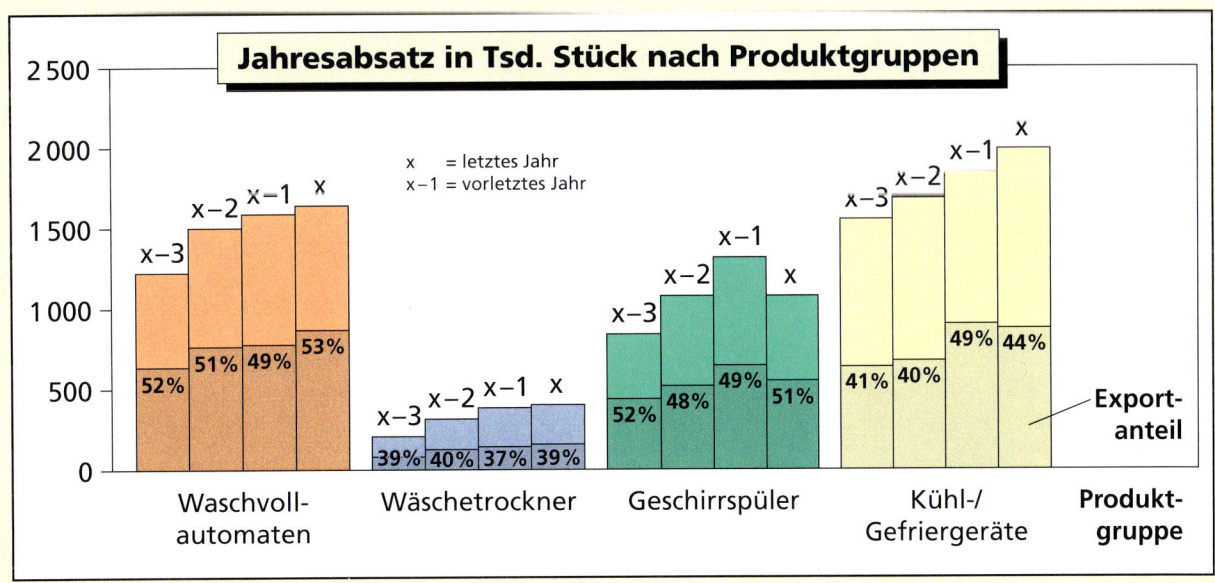

Aufgabe 7:

Das vorliegende Datenmaterial soll ausgewertet werden.

a) Stellen Sie die Absatzentwicklung der einzelnen Produktgruppen für den Zeitraum vom 1. Quartal des letzten Jahres bis zum 1. Quartal diesen Jahres quartalsmäßig grafisch dar.

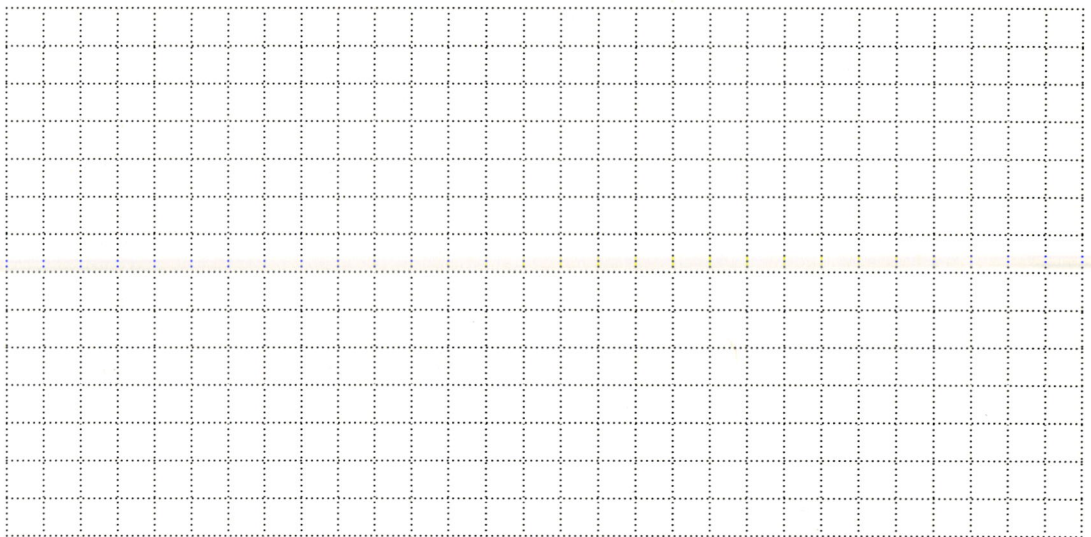

b) Vergleichen Sie die Absatzentwicklung insgesamt und in den einzelnen Produktgruppen für den Zeitraum vom 1. Quartal des letzten Jahres bis zum 1. Quartal diesen Jahres.

Welche unterschiedlichen Entwicklungen stellen Sie fest?

....

....

....

....

....

....

c) Welche Bedeutung hat der Export für die POLAR AG?

....

....

....

....

Nach einem ersten Auswertungsgespräch macht Herr Agnelli, Leiter der Abteilung Marktforschung, darauf aufmerksam, dass in einer Produktgruppe seit September letzten Jahres eine Marktneuheit den Absatz entscheidend beeinflusst habe. Erste Erfahrungen damit habe man bereits Ende Januar auf der Abteilungsleiterkonferenz ausgetauscht. Er präsentiert die entsprechende Entwicklung anhand einer Overheadfolie.

Absatz Produktgruppe 4: Kühl- und Gefriergeräte
in Tausend Stück

Artikel-gruppe	III/letztes Jahr		IV/letztes Jahr		I/dieses Jahr
	Modellreihe		Modellreihe		Modellreihe
	01[1]	02 ESM[2]	01[1]	02 ESM[2]	02 ESM[2]
4/31	35	47	39	95	88
4/32	42	52	44	115	107
4/33	51	62	56	135	121
4/34	37	54	41	175	174
insges.	**165**	**215**	**180**	**520**	**490**

1 Anmerkung: Produktion ist am 30. Juni letzten Jahres ausgelaufen.
2 ESM = Energiesparmodus

 ## *Aufgabe 8:*

Welche Erkenntnisse können aus dem von Herrn Agnelli vorgelegten Datenmaterial gezogen werden?

Frau Dr. Westphal bedankt sich bei Herrn Agnelli für die vertiefenden Ausführungen zur Produktgruppe 4. Sie bittet Frau Friedenberger, Leiterin der Abteilung Produktgestaltung, über Veränderungen in den anderen Produktgruppen zu berichten. Dabei stellt sich heraus, dass in den letzten drei Jahren nur geringfügige technische Verbesserungen zur Senkung der Produktionskosten und Veränderungen am Design vorgenommen wurden.

Frau Dr. Westphal fordert Herrn Kühn, Leiter der Abteilung Preisgestaltung, auf, die Entwicklung der Umsatzzahlen und der Gewinne vorzulegen. Herr Kühn verteilt folgende Fotokopien:

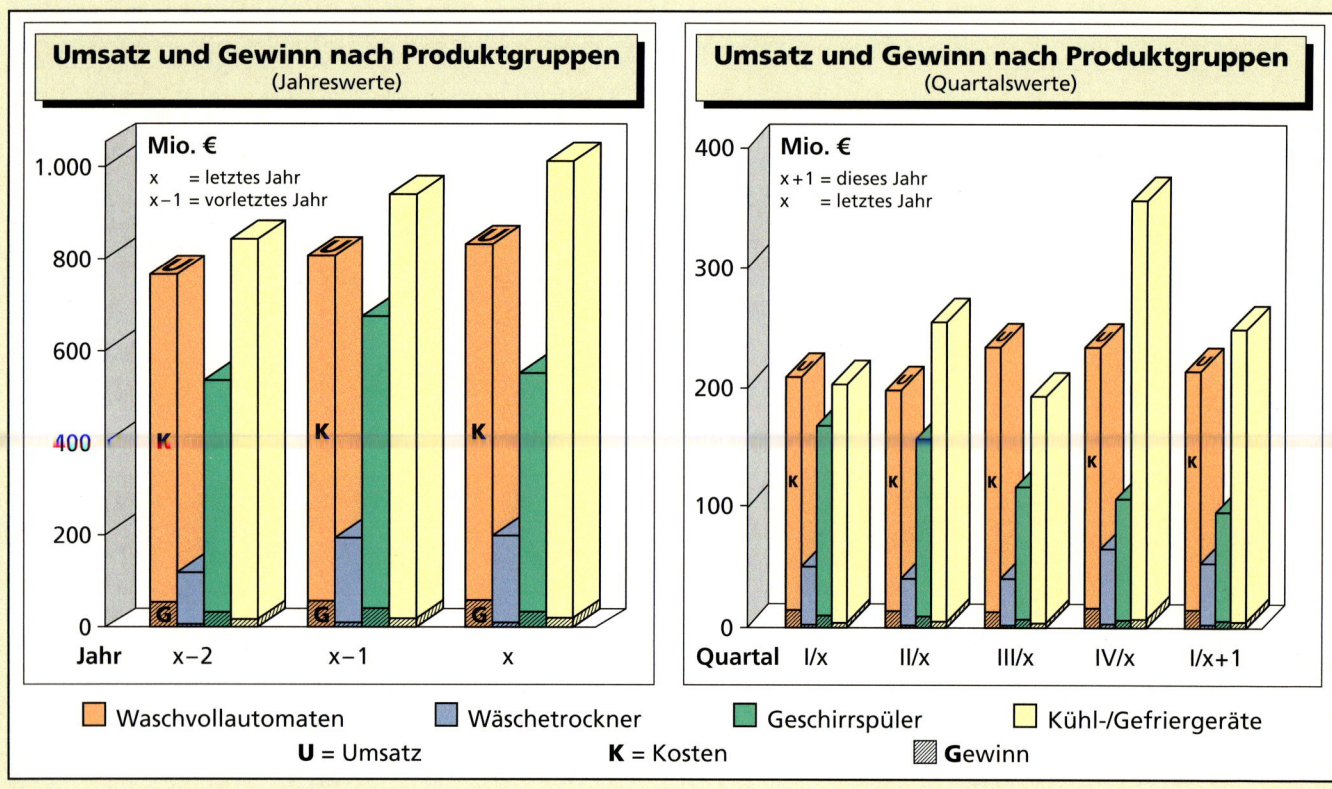

Aufgabe 9:

Werten Sie das von Herrn Kühn vorgestellte Datenmaterial aus.

a) Grenzen Sie die Begriffe Umsatz, Kosten und Gewinn voneinander ab.

....

....

....

b) Welcher Unterschied besteht zwischen Umsatz und Absatz?

....

....

c) Welche Entwicklung lässt sich aus den Umsatz- und Gewinnwerten ablesen?

....

....

....

Frau Dr. Westphal fasst die bisherigen Beratungen zusammen, indem sie feststellt, dass umgehend Maßnahmen ergriffen werden müssten, um den Absatz bzw. Umsatz zu steigern.

Aufgabe 10:

Welche Möglichkeiten hätte das Unternehmen Ihrer Meinung nach, um den Absatz bzw. Umsatz in den einzelnen Produktgruppen zu fördern?

Stellen Sie die in Gruppen erarbeiteten Vorschläge danach der gesamten Klasse vor.

....

....

....

....

....

....

....

....

Frau Dr. Westphal schlägt zur Vorbereitung von einzuleitenden Marketingaktivitäten vor, neben der laufenden, betriebsinternen Markterkundung das Kundenverhalten wissenschaftlich durch ein Marktforschungsinstitut untersuchen zu lassen.

Marktuntersuchung und Marktprognose

I. Marktuntersuchung

- Bei der **Markterkundung** handelt es sich um eine betriebsinterne, unsystematische Informationssammlung durch Einzelbeobachtungen und Gespräche, z. B. Auswerten von Reiseberichten und Marktberichten, Auswerten interner Absatzstatistiken, Gespräche mit Kunden usw.

- Bei der **Marktforschung** handelt es sich um das systematische Beschaffen und Verarbeiten von Informationen mithilfe wissenschaftlicher Methoden. Bei der Marktforschung werden unternehmensintern (Buchhaltung, Verkaufsberichte, Reklamationen usw.) und/oder unternehmensextern (Statistiken, Fachzeitschriften, Messebesuche usw.) Daten beschafft.

II. Marktprognose

- Bei der **Marktprognose** handelt es sich um eine Vorhersage zur Marktentwicklung auf der Grundlage gesammelter Daten der Markterkundung bzw. -forschung. Die Marktprognose unterstützt die Entscheidung über absatzpolitische Aktivitäten des Unternehmens.

Das im Anschluss an die Abteilungsleiterkonferenz Marketing erstellte Ergebnisprotokoll enthält u. a. Arbeitsanweisungen, die von Frau Dr. Westphal an die Konferenzteilnehmer/-innen verteilt worden sind:

Es werden folgende Arbeitsaufträge verteilt, die bis Ende Juli erfüllt sein sollten:

– Herr Agnelli beauftragt das für uns seit Jahren tätige Marktforschungsinstitut Steinhoff GmbH, das Kundenverhalten im Inland hinsichtlich der Produktgruppe 3 zu analysieren.

– Herr Agnelli vergibt an ein französisches Marktforschungsinstitut den Auftrag, umgehend den französischen Absatzmarkt hinsichtlich des Verhaltens von Kunden und Mitanbietern für die Produktgruppe 3 zu untersuchen.

– Frau Friedenberger erstellt eine Übersicht über den inländischen Marktsättigungsgrad im Hinblick auf die vier Produktgruppen und fasst die aktuellen Produktveränderungen der Mitbewerber und ihre Marktanteile zusammen.

– Herr Agnelli fasst unternehmensinternes und -externes Datenmaterial bis zum 30. Juli in einer Tischvorlage für die Abteilungsleiterkonferenz zusammen.

Münster, 2. Mai 20..

Flebbe   *Dr. Westphal*

(Flebbe)   (Dr. Westphal)
Protokollantin   Hauptabteilungsleiterin
                                  Marketing

Auszug aus dem Ergebnisprotokoll

Frau Dr. Westphal unterrichtet auf der nächsten Hauptabteilungsleiterkonferenz den Vorstand und die anderen Hauptabteilungsleiter von den eingeleiteten Schritten.

Aufgabe 11:

Beantworten Sie folgende Fragen zu den in der Abteilungsleiterkonferenz Marketing gefassten Beschlüssen.

a) Warum hat sich Frau Dr. Westphal hinsichtlich der Produktgruppe 3 zur Vergabe eines Marktforschungsauftrages anstelle einer Markterkundung entschlossen?

....

....

b) Warum beschränkt Frau Dr. Westphal den Marktforschungsauftrag auf Geschirrspülmaschinen?

....

....

....

....

c) Warum wird ein weiterer Marktforschungsauftrag nach Frankreich vergeben?

....

Das Marktforschungsinstitut Steinhoff GmbH nimmt den von der POLAR AG erteilten Auftrag an. Da es sich bei dem Industrieunternehmen um einen langjährigen und guten Kunden handelt, wird der Auftrag vorrangig bearbeitet.

Frau Loeser berichtet in der einführenden Besprechung über die im Herbst 2000 durchgeführte Feldstudie für die POLAR AG. Damals stand das Industrieunternehmen vor der Entscheidung, Kühl- und Gefriergeräte mit Energiesparmodus (ESM) in das Sortiment aufzunehmen. Frau Loeser präsentiert dem Team die dafür erstellten Materialien: Ablaufschema und Fragebogen.

Marktforschung

I. Methoden der Marktforschung

Primärforschung: Es wird Feldforschung (z. B. Befragung) betrieben (Fieldresearch).

Sekundärforschung: Es wird vorhandenes Datenmaterial (z. B. Berichte, Statistiken) im Rahmen der sogenannten Schreibtischforschung ausgewertet (Deskresearch).

II. Auswahlverfahren der Primärforschung

Vollerhebung: **Alle** Angehörigen einer Zielgruppe werden untersucht; nur bei kleiner, überschaubarer Zielgruppe praktikabel (z. B. Käufer von Spezialmaschinen).

Teilerhebung: Angehörige einer Zielgruppe werden **stichprobenhaft** (i. d. R. repräsentativ[1]) untersucht. Man unterscheidet insbesondere zwischen der Zufallsauswahl (Randomverfahren) und dem Quotenverfahren. Bei der Zufallsauswahl wird aufgrund der Wahrscheinlichkeitstheorie z. B. jeder hundertste Bürger aus einem Adressbuch ausgewählt. Bei dem Quotenverfahren werden nach vorher festgelegten Merkmalen, wie z. B. Alter, Geschlecht, Einkommen, beliebige Bürger nach bestimmten prozentualen Anteilen (Quoten) ausgewählt. Die Teilerhebung bietet sich bei sehr großen Zielgruppen (z. B. Käufer von Fernsehzeitschriften) an.

---

1 typisch, stellvertretend für die Gesamtheit

Ablaufschema zur Befragung: Kühl- und Gefriergeräte mit ESM

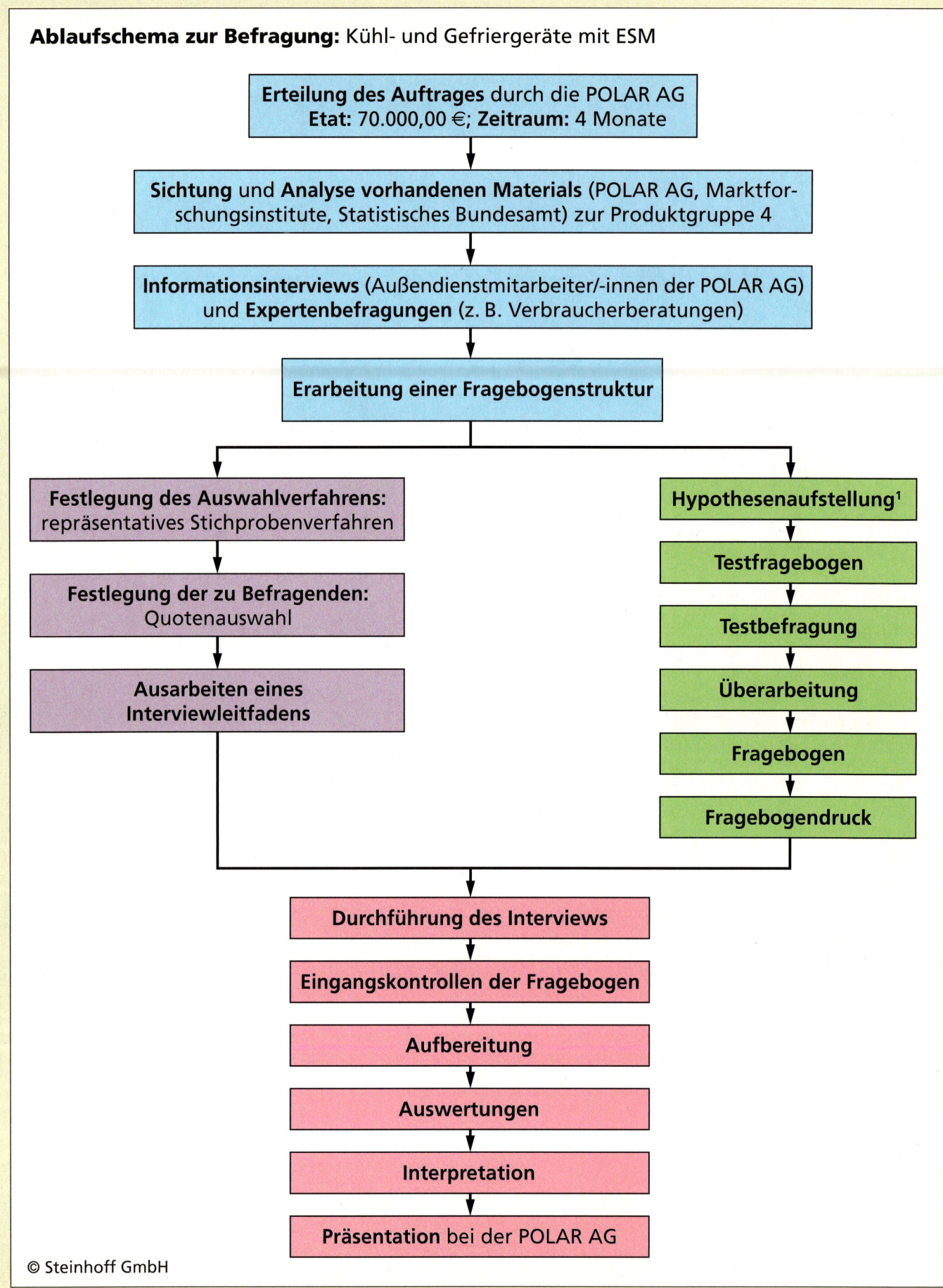

Erteilung des Auftrages durch die POLAR AG
Etat: 70.000,00 €; **Zeitraum:** 4 Monate

Sichtung und **Analyse vorhandenen Materials** (POLAR AG, Marktforschungsinstitute, Statistisches Bundesamt) zur Produktgruppe 4

Informationsinterviews (Außendienstmitarbeiter/-innen der POLAR AG) und **Expertenbefragungen** (z. B. Verbraucherberatungen)

Erarbeitung einer Fragebogenstruktur

Festlegung des Auswahlverfahrens: repräsentatives Stichprobenverfahren

Festlegung der zu Befragenden: Quotenauswahl

Ausarbeiten eines Interviewleitfadens

Hypothesenaufstellung[1]

Testfragebogen

Testbefragung

Überarbeitung

Fragebogen

Fragebogendruck

Durchführung des Interviews

Eingangskontrollen der Fragebogen

Aufbereitung

Auswertungen

Interpretation

Präsentation bei der POLAR AG

© Steinhoff GmbH

---

1   Hypothese: Annahme, Vermutung

nach: Weis, H. Ch., Marketing, 15., verbesserte und aktualisierte Aufl., Ludwigshafen 2009, S. 196

Fragebogen

1. Besitzen Sie ein Kühl-, ein Gefriergerät oder eine entsprechende Gerätekombination?
Bei Ja weiter mit Frage 2
Bei Nein weiter mit Frage 5

   1 ☐ Ja   2 ☐ Nein

2. Wie alt ist Ihr Kühl- bzw. Gefriergerät?

   bis zu 3 Jahren   1 ☐

   über 3 Jahre bis zu 9 Jahren   2 ☐

   über 9 Jahre   3 ☐

3. Besitzen Sie bereits ein Kühl- bzw. Gefriergerät mit Energiesparmodus (ESM)?
Bei Ja weiter mit Frage 6

   1 ☐ Ja   2 ☐ Nein   3 ☐ weiß nicht

4. Wären Sie bereit, Ihr funktionstüchtiges Kühl- bzw. Gefriergerät in nächster Zeit gegen ein Modell mit ESM auszutauschen?

   1 ☐ Ja   2 ☐ Nein   3 ☐ weiß nicht

5. Würden Sie bei einer Neuanschaffung eines Kühl- bzw. Gefriergerätes ein Modell mit ESM wählen?

   1 ☐ Ja   2 ☐ Nein   3 ☐ weiß nicht

6. Wären Sie bereit, für ein Kühl- bzw. Gefriergerät mit ESM einen höheren Preis zu akzeptieren?

   1 ☐ Nein

   2 ☐ Ja, bis zu einem Mehraufwand von 50,00 €

   3 ☐ Ja, auch bei einem Mehraufwand zwischen 50,00 € und 100,00 €

   4 ☐ Ja, auch bei einem Mehraufwand über 100,00 €

7. Warum halten Sie die Anschaffung eines Kühl- bzw. Gefriergerätes mit ESM für sinnvoll?
Das Ankreuzen mehrerer Antworten ist möglich.

	trifft sehr zu	trifft ziemlich zu	trifft weniger zu	trifft nicht zu
– Ich kaufe prinzipiell nur Produkte, die dem neuesten technischen Stand entsprechen.	1 ☐	2 ☐	3 ☐	4 ☐
– Ich kaufe nur umweltfreundliche Produkte.	5 ☐	6 ☐	7 ☐	8 ☐
– Ich möchte einen persönlichen Beitrag zur Erhaltung der Umwelt leisten.	9 ☐	10 ☐	11 ☐	12 ☐
– Ich stelle mich dem Zeitgeist.	13 ☐	14 ☐	15 ☐	16 ☐

– 2 –

8. Wie viele Personen umfasst   1 ☐ 1 Person   2 ☐ 2 Personen   3 ☐ 3 Personen
    Ihr Haushalt?
                                   4 ☐ 4 Personen   5 ☐ mehr als 4 Personen

9. Wie hoch ist Ihr monatliches
    Haushaltsnettoeinkommen?   1 ☐ unter   1.000 €   4 ☐ 2.000 – 2.499 €

                                   2 ☐ 1.000 – 1.499 €   5 ☐ 2.500 – 2.999 €

                                   3 ☐ 1.500 – 1.999 €   6 ☐ 3.000 – 4.000 €

                                                          7 ☐ über   4.000 €

10. Wie alt sind Sie?   Alter

                                   1 ☐ 18 – 25 Jahre   4 ☐ 46 – 55 Jahre

                                   2 ☐ 26 – 35 Jahre   5 ☐ 56 – 65 Jahre

                                   3 ☐ 36 – 45 Jahre   6 ☐ über 65 Jahre

11. Geschlecht   1 ☐ männlich   2 ☐ weiblich

© Steinhoff GmbH: Fragebogen zu Kühl- und Gefriergeräten mit Energiesparmodus (ESM)

Erhebungsmethoden der Primärforschung

Befragung: Schriftliche, mündliche oder fernmündliche Datenerhebung zur Erstellung eines Meinungsbildes zu einem bestimmten Produkt bzw. zu einer bestimmten Produktgruppe

Interview: Erhebung zu einer grundsätzlichen Meinung, die für ein bestimmtes Konsumverhalten ausschlaggebend sein kann, um wirkliche Kaufmotive offenzulegen

Test: Meinungserhebung in einer Zielgruppe für ein bestimmtes Produkt anhand von neutral verpackten Warenproben

Beobachtung: Erhebung von Sachverhalten und Verhaltensweisen ohne Befragung

Experiment: Spezielle Form der Beobachtung oder Erfragung von Reaktionen auf unterschiedliche Produktmerkmale (z. B. Gestaltung, Qualität und Preise)

Paneltechnik: Regelmäßige Befragung einer bestimmten Personengruppe über einen längeren Zeitraum anhand von speziellen Fragebogen (z. B. regelmäßige Aufzeichnung des Konsumverhaltens eines 4-Personen-Haushaltes)

Aufgabe 12:

Beantworten Sie die folgenden Fragen zu der von der Steinhoff GmbH durchgeführten Marktforschung.

a) Welche Elemente des Ablaufschemas sind der Primär-, welche der Sekundärforschung zuzuordnen?

....

....

....

b) Warum hat sich die Steinhoff GmbH bei der damaligen Befragung für ein repräsentatives Stichprobenverfahren entschieden?

....

....

....

c) Warum hat sich die Steinhoff GmbH für die Erhebungsmethode der Befragung entschieden?

....

....

....

Nach der Präsentation des Ablaufschemas und des Fragebogens durch Frau Loeser entwickelt sich folgender Dialog:

Herr Steinhoff: Frau Loeser, sagen Sie mal, wie viele Personen umfasste eigentlich damals unsere Stichprobe?

Frau Loeser: Um ein repräsentatives Ergebnis zu bekommen, haben wir 2 000 Probanden[1] durch Interviewer befragen lassen.

Herr Groß: Die Interviewer wurden von mir eingewiesen und erhielten dabei die bei uns erarbeitete Quotenanweisung.

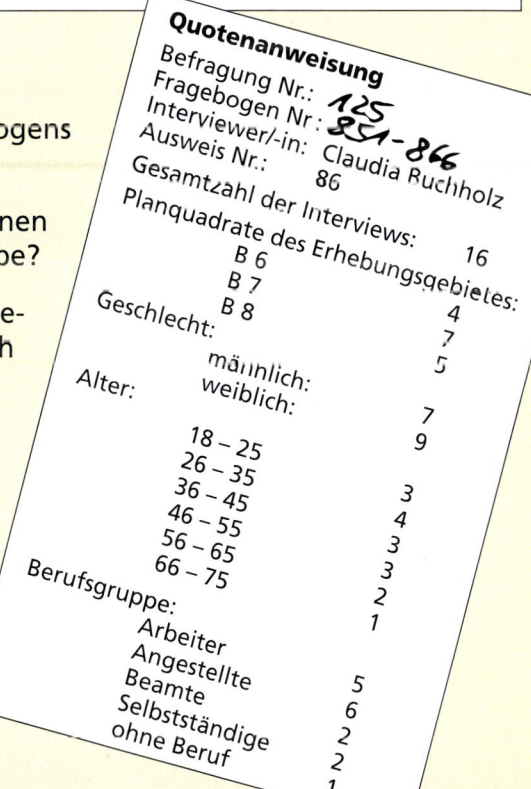

Quotenanweisung
Befragung Nr.: 125
Fragebogen Nr.: 851-866
Interviewer/-in: Claudia Ruchholz
Ausweis Nr.: 86
Gesamtzahl der Interviews: 16
Planquadrate des Erhebungsgebietes:
B 6   4
B 7   7
B 8   5
Geschlecht:
männlich: 7
weiblich: 9
Alter:
18 – 25   3
26 – 35   4
36 – 45   3
46 – 55   3
56 – 65   2
66 – 75   1
Berufsgruppe:
Arbeiter   5
Angestellte   6
Beamte   2
Selbstständige   2
ohne Beruf   1

---
1 Probanden = Testpersonen

Frau Loeser: Die von den Interviewern erhobenen Daten wurden eingegeben und mit dem Programm SYN 2000 statistisch ausgewertet. Mithilfe des Verfahrens der Clusteranalyse wurden die Merkmale der Probanden miteinander verknüpft. Bei der Kombination der Merkmale Geschlecht, Alter, Haushaltsgröße, monatliches Haushaltsnettoeinkommen, Einstellung zur Anschaffung eines Gerätes mit ESM und Bereitschaft zu einem entsprechenden finanziellen Mehraufwand führte die Computerauswertung zur Bildung folgender signifikanter[1] Konsumentengruppen:

Frau Loeser präsentiert folgende Folie:

Kundentypologie

	Typ 1 *Umweltbewusster Konsument*	Typ 2 *Fortschrittsbewusster Konsument*	Typ 3 *Die neuen Alten*	Typ 4 *Einkommensschwache Teens und Twens*
Einstellung	Persönlicher Beitrag zur Umwelt	Orientierung an technischem Stand/Zeitgeist	Persönlicher Beitrag zur Umwelt	
Geschlecht (Prozentanteile)	weibl. 62 %/ männl. 38 %	weibl. 42 %/ männl. 58 %	weibl. 59 %/ männl. 41 %	weibl. 47 %/ männl. 53 %
durchschn. Alter	29 Jahre	38 Jahre	64 Jahre	20 Jahre
durchschn. Haushaltsgröße	2,6 Personen	1,5 Personen	1,7 Personen	1,2 Personen
durchschn. Haushaltsnettoeinkommen	1.900,00 €	2.300,00 €	2.000,00 €	800,00 €
durchschn. akzeptierter Mehraufwand	70,00 €	80,00 €	90,00 €	10,00 €

Prozentanteile der Kundentypen:

Typ 3
22 %

Typ 4
8 %

Typ 2
32 %

Typ 1
38 %

STEINHOFF GmbH
Marktforschung

Clusteranalyse

Die Clusteranalyse stellt eine Möglichkeit dar, durch die **Primärerhebung** gewonnene, große **Datenmengen** mithilfe **mathematisch-statistischer Verfahren** auszuwerten. Die Zielsetzung der Clusteranalyse ist es, große Datenmengen von Befragten **nach bestimmten Merkmalen** zu **aussagefähigen Größen** (Gruppen) **zusammenzufassen**.

Beispiel:

Von vielen Konsumenten liegen aufgrund einer Befragung Merkmale, wie z. B. Haushaltsgröße, Haushaltseinkommen, Alter, Geschlecht, vor. Die befragten Konsumenten werden mithilfe der Clusteranalyse so zusammengefasst, dass verschiedene (heterogene) Konsumentengruppen (Cluster) mit möglichst ähnlichen (homogenen) Merkmalen entstehen.
So können Konsumentengruppen, wie z. B. gut verdienende Singles, Alleinerziehende mit geringem Einkommen, gebildet werden.

---

1   bedeutsam, kennzeichnend

Herr Groß: Aufgrund dieser Auswertung unterbreiteten wir der POLAR AG folgenden Konzeptionsvorschlag:

1. Alle Ergebnisse deuten darauf hin, dass ein Kühl- bzw. Gefriergerät mit ESM möglichst schnell auf den Markt gebracht werden sollte.

2. Aus den Befragungen haben sich drei Erfolg versprechende Kundenzielgruppen ergeben, die jeweils spezifisch umworben werden sollten.

3. Die Kundengruppe „Einkommensschwache Teens und Twens" kann zumindest für die Markteinführungsphase als Zielgruppe entfallen.

4. Die Kunden sind überwiegend bereit einen Mehraufwand von 70,00 € bis 90,00 € für ein Kühl- bzw. Gefriergerät mit ESM zu akzeptieren.

Herr Steinhoff: Gut, meine Damen und Herren. Bevor wir uns überlegen, welche Erkenntnisse wir für den aktuellen Auftrag der POLAR AG ableiten können, bitte ich Sie, das folgende Datenmaterial im Hinblick auf Geschirrspüler zu berücksichtigen:

STEINHOFF GmbH
Marktforschung

Auswertung von Konsumentenbefragungen (Auszug)

In den Jahren 2000, 2005 und letztes Jahr wurden in Deutschland jeweils zum Jahresanfang ausgewählte Konsumenten, die regelmäßig Markenartikel kaufen, im Hinblick auf ihre Einstellung zur Anschaffung von Haushaltsgeräten (Bereich Markenartikel) befragt.

Auszug aus dem Fragebogen:

1. Worauf legen Sie beim Kauf von Haushaltsgeräten im Bereich **Markenware** am meisten Wert?
   Bewerten Sie Ihre Einstellung in Form einer Rangfolge (höchste Priorität: 1).

		2000	2005	letztes Jahr
a)	Preis	5	6	2
b)	Hoher Qualitätsstandard	1	1	1
c)	Beitrag zum Umweltschutz	6	3	5
d)	Ansprechendes Design	4	5	4
e)	Service	3	4	3
f)	Image	2	2	6

Entwicklung der Strompreise für private Haushalte in Deutschland
Index 2000 = 100

Strompreis

Quelle: VDEW e.V., Frankfurt a. M., 2000 und Statistisches Bundesamt und eigene Berechnungen

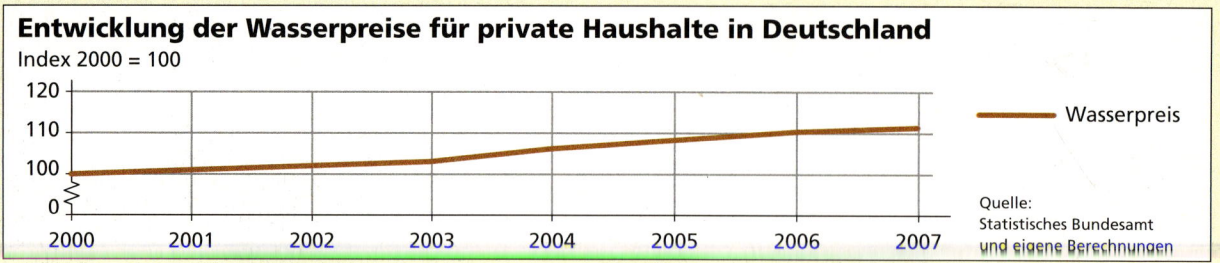

Entwicklung der Wasserpreise für private Haushalte in Deutschland
Index 2000 = 100

Wasserpreis

Quelle: Statistisches Bundesamt und eigene Berechnungen

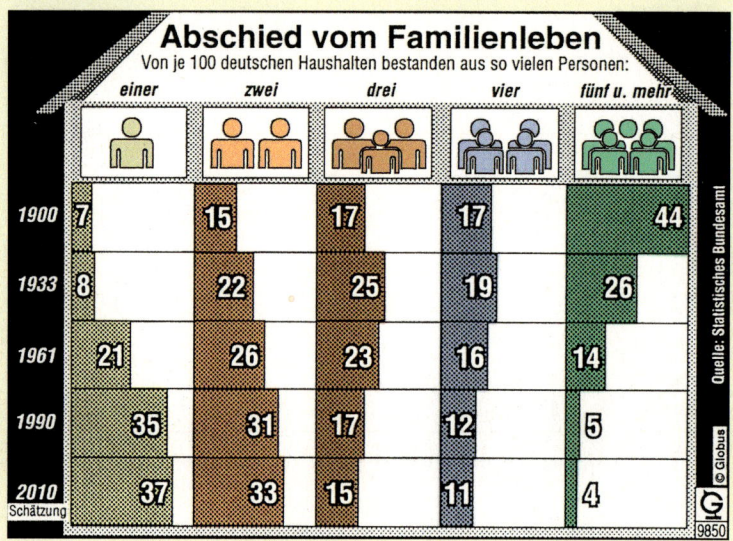

Abschied vom Familienleben
Von je 100 deutschen Haushalten bestanden aus so vielen Personen:

	einer	zwei	drei	vier	fünf u. mehr
1900	7	15	17	17	44
1933	8	22	25	19	26
1961	21	26	23	16	14
1990	35	31	17	12	5
2010 Schätzung	37	33	15	11	4

Quelle: Statistisches Bundesamt

Aufgabe 13:

a) Überprüfen Sie, ob das Ablaufschema auf Seite 22 zu den Kühl- und Gefriergeräten für die Untersuchung des Geschirrspülermarktes anwendbar ist.
Begründen Sie Ihre Meinung.

....

....

....

b) Erstellen Sie in Gruppenarbeit einen Fragebogen für Geschirrspüler. Berücksichtigen Sie dabei das auf den Seiten 27 und 28 angebotene Datenmaterial.

c) Vergleichen Sie die von den Arbeitsgruppen erstellten Fragebogen in geeigneter Form und entscheiden Sie sich für eine einheitliche Fassung.

Aufgrund eines erarbeiteten Fragebogens zu den Geschirrspülern führt das Marktforschungsinstitut Steinhoff GmbH eine repräsentative Umfrage durch.

Aufgabe 14:

Führen Sie aufgrund des von Ihnen erstellten Fragebogens eine Befragung in Ihrer Stadt/Gemeinde durch.

a) Planen Sie im Einzelnen die Schritte, die Ihrer Meinung nach für die Lösung dieser Aufgabenstellung notwendig sind (z. B. sind Entscheidungen zu treffen über Anzahl der Probanden, Vorgabe einer Quotenanweisung, Durchführung und Auswertung der Befragung).

b) Führen Sie die Befragung entsprechend Ihrer Ablaufplanung durch.

c) Werten Sie die von Ihnen erhobenen Daten im Klassenverband aus. Prüfen Sie im Rahmen Ihrer Auswertung, ob sich aufgrund Ihrer Ergebnisse signifikante[1] Konsumentengruppen unterscheiden lassen. Sichern Sie die von Ihnen festgestellten Ergebnisse in geeigneter Form.

1   bedeutsam, kennzeichnend

18
Juli

Indessen hat das Marktforschungsinstitut Steinhoff GmbH die Primärerhebung zu Geschirr-
spülern durchgeführt und ausgewertet.
Herr Steinhoff und Frau Loeser präsentieren in der POLAR AG Frau Dr. Westphal und Herrn
Agnelli, Leiter der Abteilung Marktforschung, die Untersuchungsergebnisse:

STEINHOFF GmbH
Marktforschung

**Marktforschungs-
bericht
für die POLAR AG:
Geschirrspüler**

Inhaltsverzeichnis[1]

1 Zielsetzung der
Untersuchung
2 Methodisches Vorgehen
3 Zusammenfassung der
wichtigsten Ergebnisse
4 Grafische Darstellung
der Ergebnisse
5 Grenzen der Ergebnisse
6 Schlussfolgerungen
7 Tabellenanhang

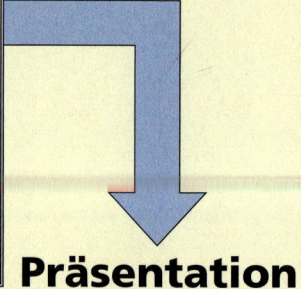

Präsentation

3 Zusammenfassung der wichtigsten Ergebnisse

Die Auswertung des Fragebogens mithilfe der Clusteranalyse ergab folgende Konsumentengruppen:

Kundentypologie						
	Typ 1 Normalfamilie	**Typ 2** Singlehaushalt	**Typ 3** Die neuen Alten	**Typ 4** Junge Kleinfamilie	**Typ 5** Einkommens-schwache Teens u. Twens	**Typ 6** Wohn-gemeinschaft
Vorherrschende Kaufmotive	Geringe Anschaffungs- und Betriebskosten	Anschaffungs- u. Betriebskosten spielen untergeordn. Rolle	Geringe Betriebskosten	Geringe Anschaffungs- und Betriebskosten	Geringe Anschaffungs- und Betriebskosten	Sehr geringe Anschaffungs- und Betriebskosten
	Hohe Qualität unter Beachtung ökologischer Anforderungen	Modernste Technik und hoher Qualitätsstandard unter Beachtung ökologischer Anforderungen	Hohe Qualität, verbunden mit gutem Kundendienst (Markenware), Ökologie spielt nur zum Teil eine Rolle	Ökologie spielt große Rolle	Ökologie spielt große Rolle	Ökologie spielt große Rolle
	Design (modern)	Design (futuristisch, modern)	Design (klassisch)	Design (modern)	Design (jugendlich, modern)	Design (sehr unterschiedlich)
Besonderheiten	Großes Fassungsvermögen, tägliche Auslastung	kleines Volumen erwünscht Firmenimage sehr wichtig	Hohe Geräuschempfindlichkeit		Geschirrspüler nicht unbedingt erforderlich; Neugerät nicht unbed. erforderl.	Geschirrspüler nicht unbedingt erforderlich; Neugerät nicht unbed. erforderl.
Geschlecht (Prozentanteile)	weibl. 56 % männl. 44 %	weibl. 45 % männl. 55 %	weibl. 60 % männl. 40 %	weibl 52 % männl. 48 %	weibl. 48 % männl. 52 %	weibl. 59 % männl. 41 %
durchschn. Alter	44 Jahre	31 Jahre	66 Jahre	24 Jahre	20 Jahre	25 Jahre
durchschn. Haushaltsgröße	3,3 Personen	1 Person	1,7 Personen	2,4 Personen	1,2 Personen	2,6 Personen
durchschn. Haushaltsnetto-einkommen	2.600,00 €	1.950,00 €	2.100,00 €	1.700,00 €	850,00 €	1.500,00 €
durchschn. akzeptierter Mehraufwand	60,00 €	80,00 €	70,00 €	15,00 €	10,00 €	5,00 €

1 nach: Weis, Steinmetz, Marktforschung, 6., überarb. u. erw. Aufl., Ludwigshafen 2005, S. 22

4 Grafische Darstellung der Ergebnisse

Prozentanteile der Konsumentengruppen:

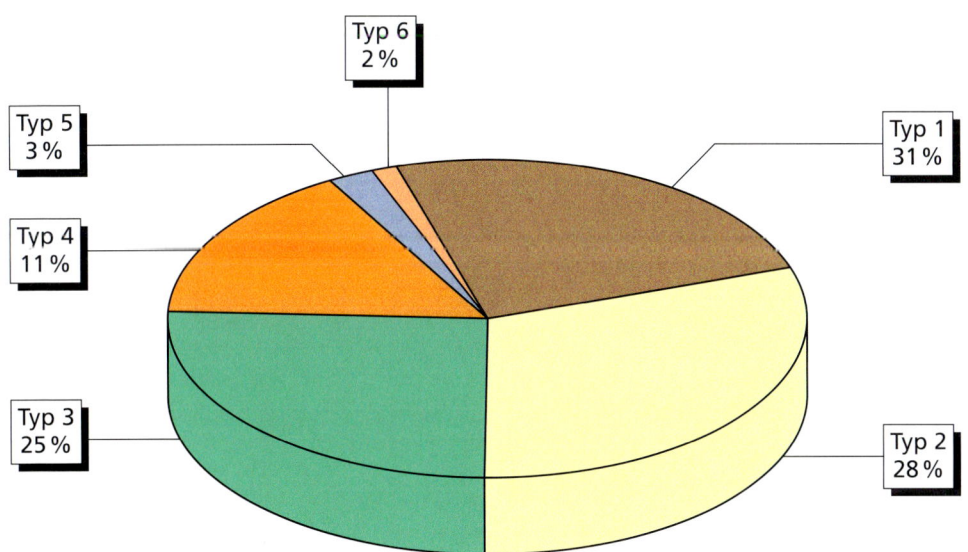

Typ 6
2%

Typ 5
3%

Typ 1
31%

Typ 4
11%

Typ 3
25%

Typ 2
28%

Die Konsumentengruppen 5 und 6 werden als Kundenzielgruppen für Neugeräte nicht empfohlen (siehe auch Kundentypologie).

STEINHOFF GmbH
Marktforschung

Zum Abschluss der Präsentation erläutert Herr Steinhoff die aus der Sicht des Marktforschungsinstitutes zu ziehenden generellen Schlussfolgerungen für die Produktpolitik der POLAR AG.

6 Schlussfolgerungen

I. Das ökologische Bewusstsein muss bei der Neugestaltung von Geschirrspülern unbedingt berücksichtigt werden.

   a) Der Wasserverbrauch sollte drastisch gesenkt werden.

   b) Der Stromverbrauch sollte minimiert werden.

   c) Das Gerät sollte äußerst geräuscharm arbeiten.

   d) Die verwendeten Materialien müssen recycelbar sein.

II. Die POLAR AG sollte bei der Planung von Neugeräten den Trend zu Kleinhaushalten berücksichtigen.

III. Das Design von Geschirrspülern spielt für nahezu alle Konsumenten eine bedeutende Rolle. Als neuer Trend zeichnet sich bei ca. einem Drittel der Verbraucher der Wunsch nach vollkommen integrierbaren Geschirrspülern ab. Bei diesen Einbaugeräten wünschen die Konsumenten im Gegensatz zu den Standgeräten, dass der Geschirrspüler mit einer kompletten, individuell herzustellenden Möbelfront ihrer Einbauküche versehen werden kann.

IV. Die Verbraucher sind überwiegend bereit, für die oben genannten Anforderungen einen höheren Anschaffungspreis zu akzeptieren.

STEINHOFF GmbH
Marktforschung

Aufgabe 15:

Welche Gründe könnten das Marktforschungsinstitut veranlasst haben, seine Untersuchungsergebnisse persönlich bei der POLAR AG zu präsentieren?

....

....

Aufgabe 16:

Begründen Sie, warum das Marktforschungsinstitut Steinhoff GmbH der POLAR AG empfiehlt, die Konsumentengruppen 5 und 6 als Kundenzielgruppen zu vernachlässigen.

....

....

....

Aufgabe 17:

Vergleichen Sie die generellen Schlussfolgerungen des Marktforschungsinstitutes Steinhoff GmbH mit Ihren eigenen Ergebnissen.

a) Erarbeiten Sie sowohl die Gemeinsamkeiten als auch die Unterschiede und präsentieren Sie Ihre Ergebnisse der Klasse in geeigneter Form.

....

....

....

b) Diskutieren Sie mit Ihren Mitschülerinnen und Mitschülern, welche Ursachen zu etwaigen Abweichungen geführt haben. Überlegen Sie sich zunächst, wie diese Diskussion sinnvoll organisiert werden kann.

....

....

....

20
Juli

Frau Friedenberger hat inzwischen die auf der Abteilungsleiterkonferenz Marketing am 30. April in Auftrag gegebenen Übersichten erstellt und an Herrn Agnelli weitergeleitet:

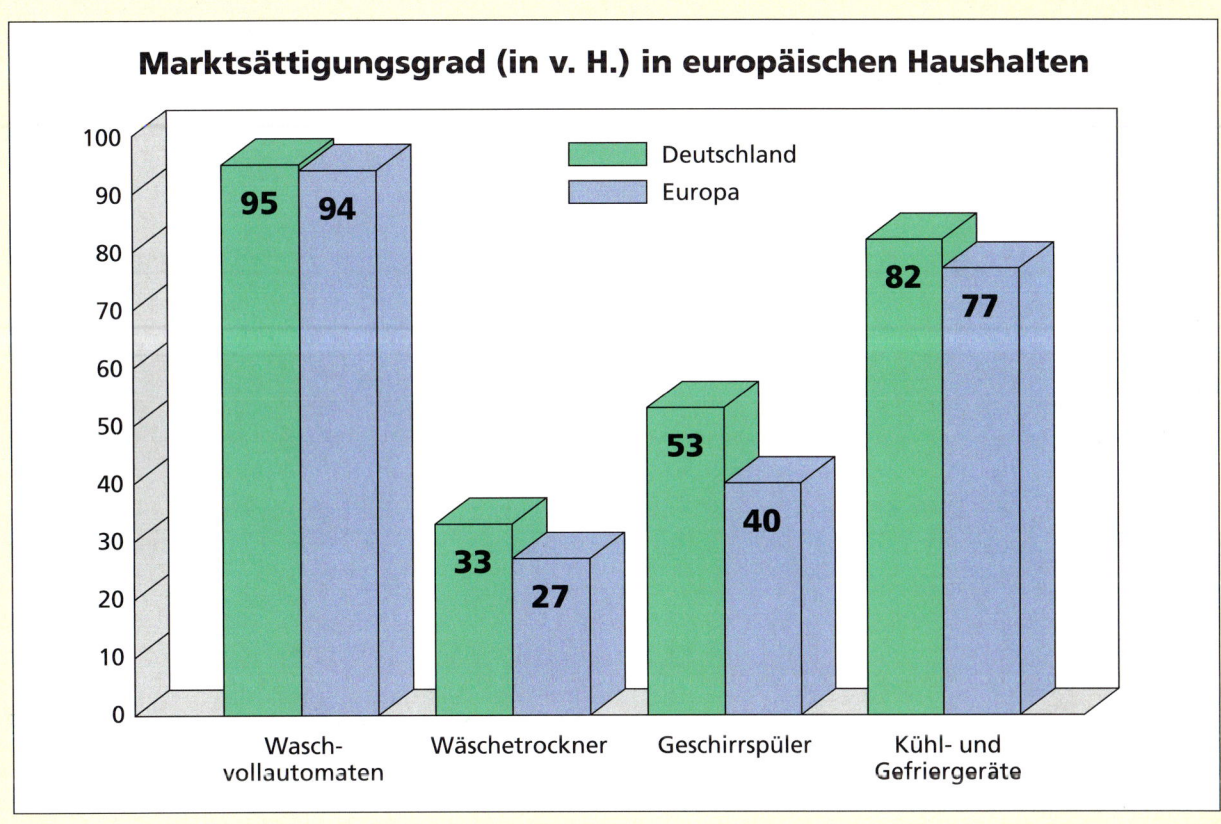

Marktsättigungsgrad (in v. H.) in europäischen Haushalten

Deutschland
Europa

	Waschvollautomaten	Wäschetrockner	Geschirrspüler	Kühl- und Gefriergeräte
Deutschland	95	33	53	82
Europa	94	27	40	77

Marktanteile (in v. H.) in Deutschland

Produzenten \ Produktgruppe	1 Waschvollautomaten	2 Wäschetrockner	3 Geschirrspüler	4 Kühl- und Gefriergeräte
POLAR AG, Münster	15	14	12	14
Brauer AG, Berlin	24	25	30	32
Moulin S.A., Paris	8	6	7	4
Cleveland Ltd., Chicago	7	4	5	6
Lascanelli SpA., Mailand	7	9	8	11
MTG, Manchester	14	14	12	8
Sonstige (21 Produzenten)	25	28	26	25
Summe	**100**	**100**	**100**	**100**

Aktuelle Produktveränderungen der Mitbewerber nach Produktgruppen (PG)

PG1: Design (Popfarben), energiesparend, recycelfähig, Singlehaushalt-Modell, geräuscharm

PG 2: Mikrofaserfilter, Abluftfilter

PG 3: wie bei PG 1,
verdeckte Schalterleiste (Bedienfeld), Ein- und Unterbaugeräte, Besteckebene, Edelstahlfront

PG 4: wie bei PG 1,
Crash-Eis-Fach

Konsumentenzielgruppen für die Produktgruppen 1–4

aufgeteilt nach Preislagen (Angaben in v. H., deutscher Markt)

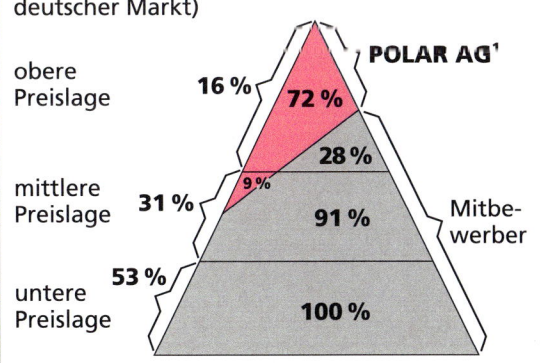

obere Preislage   16 %   72 %   POLAR AG[1]

28 %

mittlere Preislage   31 %   9 %   91 %   Mitbewerber

untere Preislage   53 %   100 %

1 Die Umsatzanteile der POLAR AG der einzelnen Produktgruppen unterscheiden sich nur unwesentlich voneinander (max. um 1 Prozentpunkt).

Aufgabe 18:

Beantworten Sie zu den abgebildeten Übersichten folgende Fragen:

a) Was sagt die grafische Darstellung des Marktsättigungsgrades von ausgewählten Weißgeräten im Hinblick auf die Produktgruppen 1 und 3 aus?

....

....

....

....

b) Welche Bedeutung der POLAR AG ergibt sich aufgrund der in der Tabelle angegebenen Marktanteile für die Produktgruppen Waschvollautomaten und Geschirrspüler?

....

....

....

....

c) Welche Kundenzielgruppen werden von der POLAR AG im Inland überwiegend bedient? Charakterisieren Sie die sich daraus ergebende Marktstellung der POLAR AG.

....

....

....

....

d) Sollte die POLAR AG auf die Produktveränderungen der Mitbewerber bei Geschirrspülern reagieren? Begründen Sie Ihre Entscheidung.

....

....

....

22
Juli

Der Abschlussbericht des französischen Marktforschungsinstituts Dubois ist bei der POLAR AG eingetroffen. Aufgrund einer Feldstudie kommt das ausländische Marktforschungsinstitut zu folgenden Ergebnissen:

Resümee:

– Ein niedriger Anschaffungspreis und geringe Betriebskosten sind für die meisten französischen Endverbraucher von entscheidender Bedeutung für den Kauf eines neuen Geschirrspülers.

– Für den französischen Endverbraucher spielt der Umweltgedanke zunehmend eine Rolle. Die Mehrheit der Franzosen ist zurzeit allerdings nicht bereit, für ökologische Verbesserungen einen deutlichen Mehrpreis beim Kauf von Geschirrspülern zu akzeptieren.

– Die Qualität und das Design werden überwiegend von einkommensstarken Konsumentengruppen als bedeutsam erachtet.

– Der Trend zum Singlehaushalt ist in Frankreich in den Großstädten deutlich abzulesen.

– Die französischen Mitbewerber haben bei Geschirrspülern einen Marktanteil von ca. 55 %; der Anteil deutscher Hersteller beträgt ca. 30 %.

– Der Marktsättigungsgrad bei Geschirrspülern beträgt in Frankreich ca. 30 %.

Anmerkungen:

Das durchschnittliche Haushaltsnettoeinkommen ist in Frankreich um ca. 10 % niedriger als in Deutschland.

Der Anteil von Singlehaushalten ist in Frankreich um knapp 20 % niedriger als in Deutschland.

Auszug aus dem Marktforschungsbericht

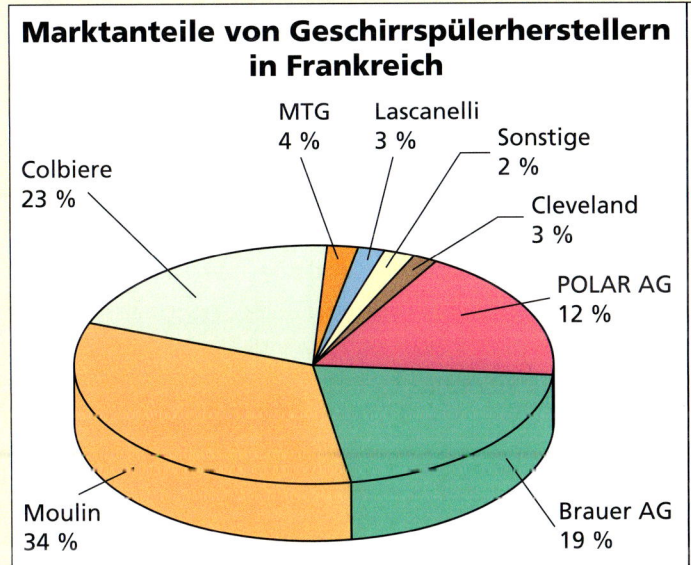

Marktanteile von Geschirrspülerherstellern in Frankreich

MTG 4 % · Lascanelli 3 % · Sonstige 2 % · Cleveland 3 % · POLAR AG 12 % · Colbiere 23 % · Moulin 34 % · Brauer AG 19 %

Konsumentenzielgruppen für Geschirrspüler, aufgeteilt nach Preislagen (Angaben in v. H., französischer Markt)

obere Preislage 11 % — POLAR AG 81 % / 19 %
mittlere Preislage 27 % — 12 % / 88 % Mitbewerber
untere Preislage 62 % — 100 %

Aufgabe 19:

Welche wesentlichen Gründe können zu den teilweise unterschiedlichen Ergebnissen auf dem deutschen und auf dem französischen Absatzmarkt geführt haben?

....

....

....

23 Juli

Herrn Agnelli liegen alle erforderlichen Daten vor und er stellt noch am gleichen Tag die am 30. April auf der Abteilungsleiterkonferenz Marketing beschlossene Tischvorlage zusammen:

Tischvorlage

für die Abteilungsleiterkonferenz am 30. Juli, zusammengestellt von S. Agnelli

I. Deutscher Markt: Marktforschung (Produktgruppe 3: Geschirrspüler)

Kundentypologie

	Typ 1 Normalfamilie	Typ 2 Single-Haushalt	Typ 3 Die „neuen Alten"	Typ 4 Junge Kleinfamilie	Typ 5 Einkommens- schwache Teens u. Twens	Typ 6 Wohn- gemeinschaft
Vorherrschende Kaufmotive	Geringe Anschaf- fungs- und Betriebskosten	Anschaffungs- u. Be- triebskosten spielen untergeordn. Rolle	Geringe Betriebs- kosten	Geringe Anschaf- fungs- und Betriebskosten	Geringe Anschaf- fungs- und Betriebskosten	Sehr geringe An- schaffungs- und Betriebskosten
	Hohe Qualität unter Beachtung ökologischer Anforderungen	Modernste Technik und hoher Qualitäts- standard unter Be- achtung ökologischer Anforderungen	Hohe Qualität, ver- bunden mit gutem Kundendienst (Mar- kenware), Ökologie spielt nur zum Teil eine Rolle	Ökologie spielt große Rolle	Ökologie spielt große Rolle	Ökologie spielt große Rolle
	Design (modern)	Design (futuristisch, modern)	Design (klassisch)	Design (modern)	Design (jugend- lich, modern)	Design (sehr unterschiedlich)
Besonderheiten	Großes Fassungs- vermögen, täg- liche Auslastung	kleines Volumen erwünscht Firmenimage sehr wichtig	Hohe Geräusch- empfindlichkeit		Geschirrspüler nicht unbedingt erforderlich; Neugerät nicht unbed. erforderl.	Geschirrspüler nicht unbedingt erforderlich; Neugerät nicht unbed. erforderl.
Geschlecht (Pro- zentanteile)	weibl. 56 % männl. 44 %	weibl. 45 % männl. 55 %	weibl. 60 % männl. 40 %	weibl 52 % männl. 48 %	weibl. 48 % männl. 52 %	weibl. 59 % männl. 41 %
durchschn. Alter	44 Jahre	31 Jahre	66 Jahre	24 Jahre	20 Jahre	25 Jahre
durchschn. Haushaltsgröße	3,3 Personen	1 Person	1,7 Personen	2,4 Personen	1,2 Personen	2,6 Personen
durchschn. Haushaltsnetto- einkommen	2.600,00 €	1.950,00 €	2.100,00 €	1.700,00 €	850,00 €	1.500,00 €
durchschn. akzeptierter Mehraufwand	60,00 €	80,00 €	70,00 €	15,00 €	10,00 €	5,00 €

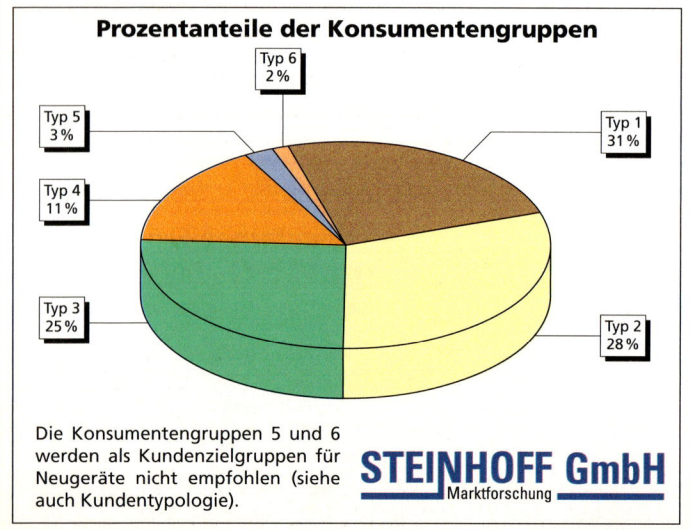

Prozentanteile der Konsumentengruppen

Typ 6 2%
Typ 5 3%
Typ 4 11%
Typ 3 25%
Typ 1 31%
Typ 2 28%

Die Konsumentengruppen 5 und 6 werden als Kundenzielgruppen für Neugeräte nicht empfohlen (siehe auch Kundentypologie).

STEINHOFF GmbH Marktforschung

6 Schlussfolgerungen

I. Das ökologische Bewusstsein muss bei der Neugestaltung von Geschirrspülern unbedingt berücksichtigt werden.
   a) Der Wasserverbrauch sollte drastisch gesenkt werden.
   b) Der Stromverbrauch sollte minimiert werden.
   c) Das Gerät sollte äußerst geräuscharm arbeiten.
   d) Die verwendeten Materialien müssen recyclebar sein.

II. Die POLAR AG sollte bei der Planung von Neugeräten den Trend zu Kleinhaushalten berücksichtigen.

III. Das Design von Geschirrspülern spielt für nahezu alle Konsu- menten eine bedeutende Rolle. Als neuer Trend zeichnet sich bei ca. einem Drittel der Verbraucher der Wunsch nach vollkommen integrierbaren Geschirrspülern ab. Bei diesen Einbaugeräten wünschen die Konsumenten im Gegensatz zu den Standgeräten, dass der Geschirrspüler mit einer kompletten, individuell herzustellenden Möbelfront ihrer Einbauküche versehen werden kann.

IV. Die Verbraucher sind überwiegend bereit, für die oben ge- nannten Anforderungen einen höheren Anschaffungspreis zu akzeptieren.

STEINHOFF GmbH Marktforschung

II. Deutscher Markt: Markterkundung (Produktgruppen 1–4)

Marktsättigungsgrad (in v. H.) in europäischen Haushalten

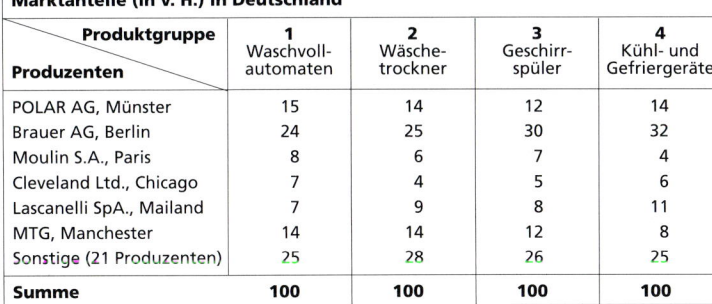

Aktuelle Produktveränderungen der Mitbewerber nach Produktgruppen (PG)

PG 1: Design (Popfarben), energiesparend, recycelfähig, Singlehaushalt-Modell, geräuscharm

PG 2: Mikrofaserfilter, Abluftfilter

PG 3: wie bei PG 1, verdeckte Schalterleiste (Bedienfeld), Ein- und Unterbaugeräte, Besteckebene, Edelstahlfront

PG 4: wie bei PG 1, Crash-Eis-Fach

Konsumentenzielgruppen für die Produktgruppen 1–4

aufgeteilt nach Preislagen (Angaben in v. H., deutscher Markt)

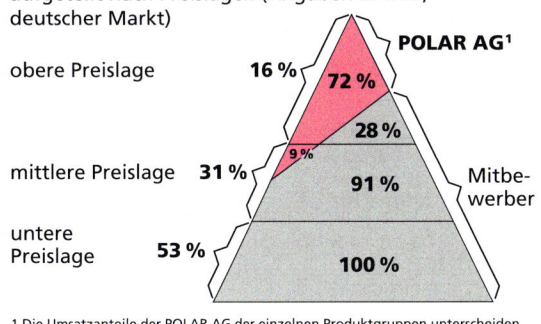

1 Die Umsatzanteile der POLAR AG der einzelnen Produktgruppen unterscheiden sich nur unwesentlich voneinander (max. um 1 Prozentpunkt)

Marktanteile (in v. H.) in Deutschland

Produkgruppe / Produzenten	1 Waschvollautomaten	2 Wäschetrockner	3 Geschirrspüler	4 Kühl- und Gefriergeräte
POLAR AG, Münster	15	14	12	14
Brauer AG, Berlin	24	25	30	32
Moulin S.A., Paris	8	6	7	4
Cleveland Ltd., Chicago	7	4	5	6
Lascanelli SpA., Mailand	7	9	8	11
MTG, Manchester	14	14	12	8
Sonstige (21 Produzenten)	25	28	26	25
Summe	**100**	**100**	**100**	**100**

III. Französischer Markt: Marktforschung (Produktgruppe 3: Geschirrspüler)

Resümee:

– Ein niedriger Anschaffungspreis und geringe Betriebskosten sind für die meisten französischen Endverbraucher von entscheidender Bedeutung für den Kauf eines neuen Geschirrspülers.

– Für den französischen Endverbraucher spielt der Umweltgedanke zunehmend eine Rolle. Die Mehrheit der Franzosen ist zurzeit allerdings nicht bereit, für ökologische Verbesserungen einen deutlichen Mehrpreis beim Kauf von Geschirrspülern zu akzeptieren.

– Die Qualität und das Design werden überwiegend von einkommensstarken Konsumentengruppen als bedeutsam erachtet.

– Der Trend zum Singlehaushalt ist in Frankreich in den Großstädten deutlich abzulesen.

– Die französischen Mitbewerber haben bei Geschirrspülern einen Marktanteil von ca. 55 %; der Anteil deutscher Hersteller beträgt ca. 30 %.

– Der Marktsättigungsgrad bei Geschirrspülern beträgt in Frankreich ca. 30 %.

Anmerkungen:

Das durchschnittliche Haushaltsnettoeinkommen ist in Frankreich um ca. 10 % niedriger als in Deutschland.

Der Anteil von Singlehaushalten ist in Frankreich um knapp 20 % niedriger als in Deutschland.

Marktanteile von Geschirrspülerherstellern in Frankreich

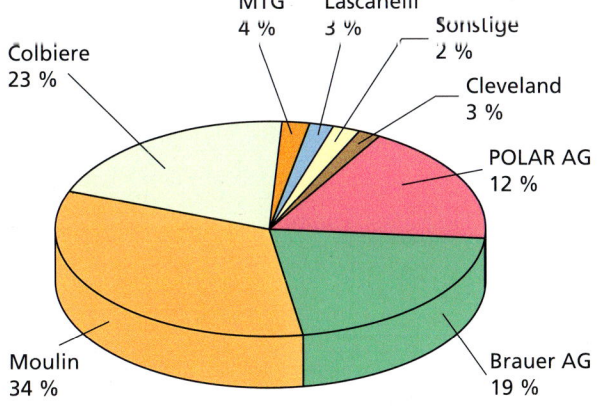

Konsumentenzielgruppen für Geschirrspüler,

aufgeteilt nach Preislagen (Angaben in v. H., französischer Markt)

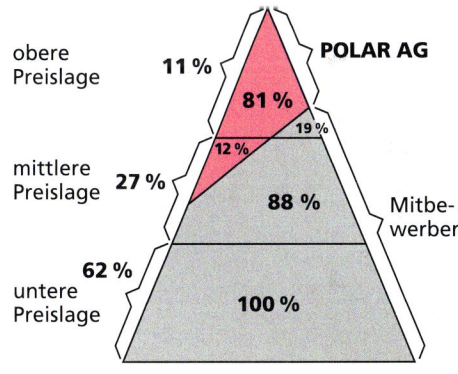

24
Juli

Herr Agnelli überlegt, in welcher Form er auf der Abteilungsleiterkonferenz Marketing die Tischvorlage präsentieren soll. Er beschließt, die Tischvorlage jedem Konferenzteilnehmer zukommen zu lassen mit der Bitte, sie bis zur Konferenz durchzuarbeiten. Außerdem beauftragt er die Hausdruckerei, die Tischvorlage im Großformat als Wandbild für die Konferenz anzufertigen.

Herr Agnelli entwirft außerdem eine kurze Rede, um die Tischvorlage auf der Konferenz zu erläutern. Dieses Statement soll auf die Eckpunkte der zusammengestellten Daten konzentriert hinweisen.

Aufgabe 20:

Entwerfen Sie die von Herrn Agnelli geplante Rede und wägen Sie zu diesem Zweck ab, welche Daten der Tischvorlage Sie in der Rede aufgreifen. Halten Sie diese Rede anschließend vor der Klasse.

Auf der heute stattfindenden Abteilungsleiterkonferenz Marketing sollen die Ergebnisse der am 30. April vergebenen Aufträge zur Analyse des Absatzmarktes der POLAR AG ausgewertet werden.

Frau Dr. Westphal begrüßt die Teilnehmerinnen und Teilnehmer der Konferenz und bittet Herrn Agnelli, sein vorbereitetes Statement zu halten.

Frau Dr. Westphal bedankt sich bei Herrn Agnelli für seine Ausführungen und bittet die anwesenden Abteilungsleiter/-innen, zunächst nur Konzeptionsvorschläge für die zukünftige Absatzpolitik im Inlandsmarkt im Hinblick auf die Produktgruppe 3 (Geschirrspüler) zu unterbreiten. Marketing-Konzeptionen für die Produktgruppen 1 und 2 sollen erst erstellt werden, wenn der Vorstand den Vorschlag für die Produktgruppe 3 akzeptiert hat.

Die Konzeptionsvorschläge für die Produktgruppe 3 sollen in Teamarbeit zwischen den einzelnen Abteilungen der Hauptabteilung Marketing bis zum 15. August erarbeitet werden. Nach der Aussage von Frau Dr. Westphal legt die Geschäftsleitung besonderen Wert darauf, dass diese Teams die bisherigen Abteilungsgrenzen überschreiten, um die Kompetenzen, die Kreativität der Mitarbeiter/-innen umfassend zu nutzen und ihre Motivation zu erhöhen.

Um den Brainstorming-Prozess[1] in diesen Arbeitsteams zu verstärken, verteilt Frau Dr. Westphal an die Anwesenden einen Auszug aus einem neuen fachwissenschaftlichen Kompendium, der alle notwendigen Basisinformationen zu Gestaltungsmöglichkeiten der Produkt- und Sortimentspolitik enthält:

---

1   Brainstorming: Methode zur Ideenfindung vor allem in Unternehmen, bei der im Rahmen einer Gruppensitzung Ideen spontan aufgegriffen und gedanklich weiterentwickelt werden (vgl. Hüttner, M., u. a., Marketing-Management: allgemein – sektoral – international, München 1999, S. 148)

Produkt- und Sortimentspolitik

I. Begriffliche Abgrenzung

In Industrie- und Handwerksbetrieben spricht man bei der Gestaltung des Produktionsprogrammes von Produktpolitik; in Handelsbetrieben bezeichnet man die Zusammenstellung der angebotenen Artikel als Sortimentspolitik.

II. Zielsetzung

Ziel des Einsatzes dieses absatzpolitischen Instrumentes ist es, kundenorientiert die Absatzmöglichkeiten des Produktprogrammes bzw. des Sortiments zu sichern und zu steigern. Bestehende Produkte werden in ihrer Gestalt verändert (z. B. durch Veränderungen von Material, Design oder Image), neue Produkte entwickelt und in den Markt eingeführt und anzubietende Produkte werden zu einem Sortiment zusammengestellt.

III. Entscheidungsbereiche der Produkt- und Sortimentspolitik

1. Produktgestaltung

↳ Produktqualität
  – im objektiven Sinn: z. B. Langlebigkeit eines Produkts
  – im subjektiven Sinn (abhängig von individuellen Nutzenvorstellungen des Kunden): z. B. umweltverträgliche Produktionsverfahren unter Verwendung recycelfähiger Materialien bzw. nachwachsender Rohstoffe

↳ Produktaufmachung: Festlegung des äußeren Erscheinungsbildes, z. B. durch Form, Größe, Farbe

↳ Produktverpackung: werbewirksame bzw. transportgerechte Gestaltung unter Berücksichtigung umweltentlastender Aspekte bei Verwendung und Entsorgung

↳ Produktmarkierung: charakteristische Kennzeichnung des Produkts zur Erzielung einer Signalwirkung am Markt, z. B. durch Produktname, Schriftzug, Warenzeichen

2. Produktbegleitende Servicepolitik

↳ Kundendienst
↳ Garantieleistungen
↳ Verkäuferschulung und Kundeninformation

3. Prozessorientierte Produktpolitik[1]

↳ Produktinnovation : Entwicklung und Einführung neuer Produkte

Strategien der Produktinnovation	
Produktdifferenzierung	**Produktdiversifikation**
Aufnahme programmnaher Produkte Bsp.: Produktion von Frontladern neben Topladern bei Waschmaschinen	Aufnahme programmferner Produkte Bsp.: Erweiterung um neue Produktlinien

horizontal	**vertikal**	**lateral**
Angebot von weiteren Produkten der gleichen Wirtschaftsstufe Bsp.: Waschmaschinenhersteller vertreibt Kühlschränke	Angebot von weiteren Produkten vor- oder nachgelagerter Produktionsstufen Bsp.: Waschmaschinenhersteller kauft Elektromotorenwerk auf	Angebot von weiteren Produkten ohne jeden Zusammenhang mit bisherigem Produktionsprogramm Bsp.: Waschmaschinenhersteller kauft Versicherungsunternehmen auf

↳ Produktvariation : Änderung bestimmter Eigenschaften vorhandener Produkte, z. B. technischer oder ästhetischer Art

↳ Produktelimination : Herausnahme von Produkten oder Produktvarianten aus dem Produktionsprogramm bzw. Sortiment

1 vgl. Hüttner, M., u. a., Marketing-Management: allgemein – sektoral – international, München 1999

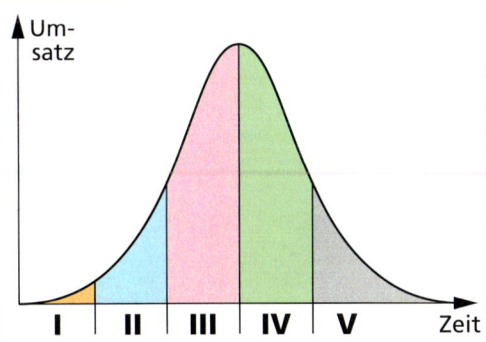

Produktpolitische Entscheidungen im Verlauf des Produktlebenszyklus[1]

I	II	III	IV	V
Einführung	Wachstum	Reife	Sättigung	Degeneration
Innovation, Produktdifferenzierung, Produktpflege	Produktdifferenzierung, Produktpflege	Produktdifferenzierung	Elimination, Produktvariation	Elimination, Produktvariation

1 vgl. Hüttner a. a. O.

4. Programm- und Sortimentspolitik

↳ Programm-/Sortimentsstruktur:
- Breite: abhängig vom Umfang der Produktlinien bzw. Artikelgruppen
- Tiefe: abhängig von der Anzahl der Produkte innerhalb einer Produktlinie bzw. Sorten je Artikelgruppe

↳ Sortimentszusammensetzung:
- Kernsortiment: hauptsächlich angebotene Artikel
- Randsortiment: zusätzlich angebotene Artikel

↳ Sortimentspolitische Maßnahmen
- Sortimentserweiterung (Vergrößerung der Sortimentsbreite und/oder -tiefe)
- Sortimentsbereinigung (Verkleinerung der Sortimentsbreite und/oder -tiefe)
- Sortimentsumstrukturierung (Ersatz von Sortimentsteilen)

Aufgabe 21:

Erarbeiten Sie aufgrund der in der Tischvorlage zusammengestellten Daten in Gruppenarbeit einen Konzeptionsvorschlag zur zukünftigen prozessorientierten Produktpolitik der POLAR AG für den Inlandsmarkt im Hinblick auf die Produktgruppe 3. Verwenden Sie hierzu auch die Ausführungen der auf den Seiten 40 und 41 abgedruckten Informationen zur Produkt- und Sortimentspolitik.

15 Aug. Heute lässt sich Frau Dr. Westphal die in Teamarbeit erstellten Konzeptionsvorschläge zur zukünftigen Produkt- und Sortimentspolitik der POLAR AG präsentieren.

Aufgabe 22:

Präsentieren Sie Ihren in der Arbeitsgruppe erarbeiteten Konzeptionsvorschlag Ihren Mitschülerinnen und Mitschülern.

Nach der Präsentation der Teams bedankt sich Frau Dr. Westphal für die Ausführungen. Sie diskutiert mit den Abteilungsleiterinnen und Abteilungsleitern die Vor- und Nachteile der einzelnen Vorschläge. Ergebnis dieses Diskussionsprozesses ist die Erarbeitung einer einheitlichen Konzeption zur Produkt- und Sortimentspolitik für die Produktgruppe Geschirrspüler.

Aufgabe 23:

Erarbeiten Sie im Plenum einen einheitlichen Konzeptionsvorschlag zur zukünftigen Produkt- und Sortimentspolitik der POLAR AG aufgrund der in den Arbeitsgruppen erstellten Konzeptionsvorschläge.

Nach der Erarbeitung des einheitlichen Konzeptionsvorschlages entwickelt sich folgender Dialog:

Frau Dr. Westphal: Die Konzeption werde ich am 23. August der Hauptabteilungsleiterkonferenz als Tischvorlage präsentieren. Ich hoffe, sie werden grünes Licht für die Produktelimination unserer alten Geschirrspülergeneration und die dann notwendige Innovation in dieser Produktgruppe geben.

Herr Kühn: Sollten wir uns nicht vorher darüber unterhalten, wie eine zur prozessorientierten Produktpolitik passende Preispolitik, vielleicht sogar eine entsprechende Werbestrategie auszusehen hat?

Frau von Hartung: Herr Kühn, ich schlage vor, wir warten ab, bis die Hauptabteilungsleiterkonferenz in Abstimmung mit dem Vorstand unsere Produktideen bejaht. Anderenfalls verschwenden wir wertvolle Zeit und knappe finanzielle Ressourcen.

Frau Dr. Westphal: Meine Damen und Herren, wenn ich Herrn Kühn auch gut verstehen kann, so meine ich doch, dass der von Frau von Hartung aufgezeigte Weg der bessere ist. Wir sollten auf jeden Fall den Beschluss der Hauptabteilungsleiterkonferenz bzw. des Vorstandes abwarten.

23 Aug. An der heutigen Hauptabteilungsleiterkonferenz nehmen neben den Hauptabteilungsleitern auch der Vorstandsvorsitzende Herr Dr. Knies und auf dessen Einladung die Betriebsratsvorsitzende Frau Sienknecht teil.

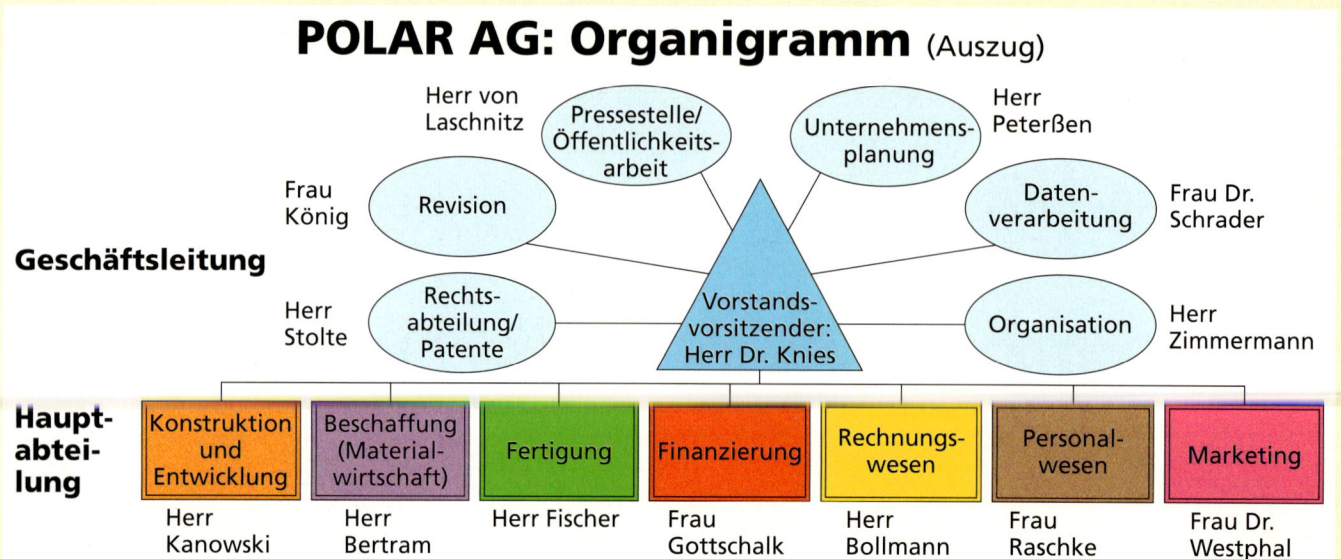

POLAR AG: Organigramm (Auszug)

Geschäftsleitung

Herr von Laschnitz — Pressestelle/Öffentlichkeitsarbeit
Unternehmensplanung — Herr Perterßen
Frau König — Revision
Datenverarbeitung — Frau Dr. Schrader
Vorstandsvorsitzender: Herr Dr. Knies
Herr Stolte — Rechtsabteilung/Patente
Organisation — Herr Zimmermann

Hauptabteilung

Konstruktion und Entwicklung	Beschaffung (Materialwirtschaft)	Fertigung	Finanzierung	Rechnungswesen	Personalwesen	Marketing
Herr Kanowski	Herr Bertram	Herr Fischer	Frau Gottschalk	Herr Bollmann	Frau Raschke	Frau Dr. Westphal

Nach der Begrüßung durch Herrn Dr. Knies hält Frau Dr. Westphal eine einleitende Rede, in der sie zunächst auf die besondere Rolle dieser Konferenz hinweist.

Es gehe heute darum, aufgrund der stagnierenden Umsätze in den Produktgruppen 1–3 eine neue Produkt- und Sortimentspolitik der POLAR AG zu initiieren. Der Sachverstand aller sei hierzu gefordert. Nach diesen einleitenden Worten stellt sie den in ihrer Hauptabteilung erarbeiteten Konzeptionsvorschlag eingehend vor.

Frau Dr. Westphal:  Meine Damen und Herren, wie Sie wissen, beratschlagen wir heute über den in meiner Hauptabteilung entworfenen Konzeptionsvorschlag zur Produkt- und Sortimentspolitik der Produktgruppe 3. Wir hatten uns ja darauf geeinigt, dass erst nach Billigung dieses Vorschlages eine Konzeption für die Produktgruppen 1 und 2 erarbeitet werden soll.

Herr Perterßen:  Eine kurze Zwischenfrage: Wann erhalten wir denn für die Produktgruppe 3 eine geschlossene Marketingkonzeption, die neben der Produkt- und Sortimentspolitik auch die Preis-, die Kommunikations-[1] und Distributionspolitik[2] enthält? Schließlich müssen diese Politiken ja aufeinander abgestimmt sein.

Frau Dr. Westphal: Ich gebe Ihnen prinzipiell recht, Herr Perterßen. Wir hatten uns aber aus Kapazitätsgründen in der Abteilung Marketing darauf geeinigt, dass erst ein Meinungsbild auf der heutigen Konferenz abgewartet werden sollte. Im Hinterkopf hatten wir bei unseren Planungsschritten natürlich auch Vorstellungen gerade zur Preis- und Kommunikationspolitik. Bei Bedarf könnte ich dazu auch schon etwas sagen.

Herr Dr. Knies: Ich glaube, es ist das Beste, wir folgen zunächst den von der Abteilung Marketing erarbeiteten Vorstellungen.

Frau Dr. Westphal: Ich danke Ihnen, Herr Dr. Knies. Zunächst also zu unseren produktpolitischen Vorstellungen. Wie Sie aus dem vorliegenden Konzeptionsvorschlag ersehen können, sprechen wir uns für die Entwicklung von zwei neuen Grundmodellen von Geschirrspülern aus, die im Hinblick auf Design und Unterbaufähigkeit in Einbauküchen differenziert angeboten werden:

---
1 insbesondere Werbepolitik
2 Vertriebspolitik

Ein Kleingerät für die „Single-Haushalte" und die Konsumentengruppe „Neue Alte" und ein Gerät in Normalgröße für die Konsumentengruppen „Klein-familie" und „Normalfamilie". Beide Grundmodelle müssen den neuen ökologischen Anforderungen entsprechen, geräuscharm sein und die speziellen Kundenwünsche im Hinblick auf ein ansprechendes Design berücksichtigen. Höchste Qualitätsanforderungen sind für uns als Marktführer in der oberen Preislage selbstverständlich. Die Kommunikationspolitik wird dieses gesamte Anforderungsprofil entsprechend aufgreifen müssen.

Herr Kanowski:

Frau Dr. Westphal, Ihre Vorstellungen decken sich auch mit unseren Forschungsarbeiten. Dem gesellschaftlichen Trend haben wir uns bereits gestellt. Die Geräuschentwicklung von Geschirrspülern kann nach unseren Laborversuchen bei einer neuen Produktlinie um ca. 40 % gesenkt werden. Wir rechnen allerdings damit, dass die Herstellungskosten dadurch um ca. 5 %–10 % steigen werden.

Herr Fischer:

Damit muss man wohl rechnen, allerdings hoffe ich, dass wir durch die Anwendung neuester Fertigungstechnik ca. 3 % Kosteneinsparungen erzielen werden. Was gesellschaftliche Trends angeht, haben wir uns diesen auch gestellt, indem wir unsere Kühlschrankbauteile bei der Fertigung in Brno für ein Recyclingverfahren vorbereiten. Alle Bauteile sind mit Materialnummern versehen worden, um ein sortenreines Recycling in Zukunft zu ermöglichen.

Frau Dr. Westphal:

Ich verweise in diesem Zusammenhang auf die in unserem Konzeptionsvorschlag vorgesehene Rücknahmegarantie für Altgeräte.

Frau Gottschalk:

Bei all den guten Ideen, die heute vorgestellt werden, muss ich Sie doch daran erinnern, dass diese Innovationen auch finanziert werden müssen. Aufgrund der rückläufigen Umsätze sind unsere finanziellen Rücklagen geschrumpft; es wird von daher unumgänglich sein, einen Teil der notwendigen Investitionen langfristig mit Fremdkapital zu finanzieren. Falls das Konzept heute verabschiedet werden sollte, werde ich sofort eine entsprechende Finanzplanung aufstellen.

Herr Bertram:

Meine Damen und Herren, die Rücknahmegarantie für Altgeräte und der damit verbundene Recyclinggedanke werden unsere Beschaffungspolitik nachhaltig beeinflussen. Wir müssen früh genug daran denken, langfristig ausgerichtete Lieferverträge eventuell zu kündigen oder sie über Vertragsverhandlungen abzuändern. Wir werden uns bemühen, günstigere Einkaufskonditionen auszuhandeln; eventuell müssen wir auch neue Beschaffungsquellen, z. B. im Ausland, erschließen.

Frau Sienknecht:

Als Arbeitnehmervertreter sind wir natürlich daran interessiert, über eine neue Absatzpolitik langfristig Arbeitsplätze zu sichern. Nur über eine produktpolitische Umsetzung des Wertewandels in unserer Gesellschaft ist zukunftsweisende Unternehmenspolitik arbeitnehmerfreundlich zu gestalten. Die Herstellung ökologischer Produkte und ein ökologisches Produktionsverfahren werden auch die Motivation unserer Mitarbeiterinnen und Mitarbeiter erhöhen. Die Anwendung neuester Fertigungstechnik, die Herr Fischer ansprach, unterstützen wir auch, allerdings muss dies arbeitnehmerfreundlich geschehen, es dürfen zum Beispiel keine Einkommenseinbußen dadurch entstehen.

Frau Raschke:

Aus der Sicht des Personalwesens kann ich den Motivationsaspekt nur unterstützen, wir erwarten uns einiges von der neuen Absatzpolitik.

Herr von Laschnitz: Die Pressestelle freut sich schon auf ein neues Konzept, das Image unseres Unternehmens wird dadurch deutlich verbessert werden können.

Frau Dr. Westphal: Meine Damen und Herren, es freut mich sehr, dass Sie unser Konzept zur Produkt- und Sortimentspolitik neuer Geschirrspüler befürworten. Ich verspreche Ihnen, dass wir in der Hauptabteilung Marketing zügig an der Ausgestaltung der anderen absatzpolitischen Instrumente arbeiten werden, damit eine geschlossene Marketingkonzeption für die neuen Geschirrspüler schnell umgesetzt werden kann.

Herr Dr. Knies: Meine Damen und Herren, ich danke Ihnen im Namen des Vorstandes für Ihre konstruktive Mitarbeit und bitte Sie, in Ihren Hauptabteilungen die entsprechend notwendigen Schritte einzuleiten. Die Hauptabteilungen Konstruktion und Entwicklung, Beschaffung und Fertigung sollen sofort darangehen, ein Team zu bilden, damit die geplante Produktinnovation möglichst rasch entwickelt werden kann und die Serienproduktion somit vorbereitet wird. Ich bin sicher, dass der Vorstand auf seiner nächsten Sitzung am 30. August das heute besprochene Konzept billigen wird. Was die Auslandsmärkte angeht, werden wir eine entsprechende Marketingkonzeption erst dann entwerfen, wenn sich eine positive Entwicklung der neuen Produktlinie auf dem Inlandsmarkt abzeichnet.

Aufgabe 24:

Führen Sie mithilfe der im Anhang befindlichen **Rollenkarten** ein entsprechendes Rollenspiel durch, das die Sichtweisen der einzelnen Funktionsträger deutlich werden lässt. Viel Spaß!

Aufgabe 25:

Werten Sie das von Ihnen durchgeführte Rollenspiel aus:

a) Wie haben sich die Rollenspieler bei der Ausfüllung ihrer Rolle gefühlt? Sammeln Sie die spontan geäußerten Eindrücke.

....

....

b) Inwieweit haben die Rollenspieler die in den Rollenkarten genannten Interessenstandpunkte überzeugend vertreten? Befragen Sie dazu die Beobachter des Rollenspiels.

....

....

24 Aug.

Frau Dr. Westphal berichtet den Abteilungsleiterinnen und Abteilungsleitern ihrer Hauptabteilung über das Ergebnis der Hauptabteilungsleiterkonferenz vom Vortag unter Leitung des Vorstandsvorsitzenden Dr. Knies. Sie bittet die Abteilungsleiter/-innen der Abteilungen Preisgestaltung, Werbung und Vertrieb, in Teamarbeit zu der vorliegenden Konzeption der Produkt- und Sortimentspolitik die entsprechende Preis-, Kommunikations- und Distributionspolitik zu erarbeiten.

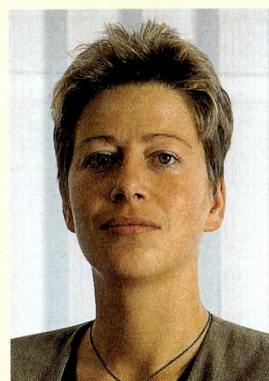

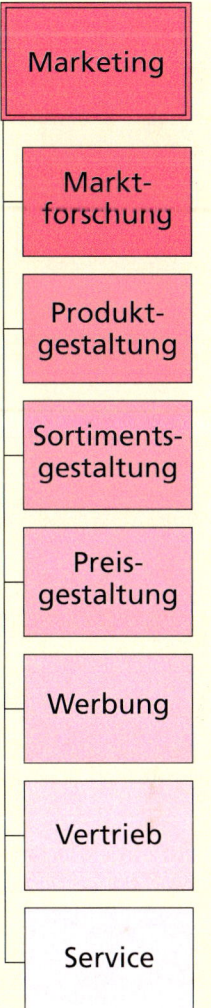

Marketing

Markt-forschung

Produkt-gestaltung

Sortiments-gestaltung

Preis-gestaltung

Werbung

Vertrieb

Service

Frau Dr. Westphal verteilt dazu die neuesten Auszüge aus einem fachwissenschaftlichen Kompendium. Sie enthalten die aktuellen Basisinformationen zu den Gestaltungsmöglichkeiten dieser absatzpolitischen Instrumente.

Am selben Nachmittag treffen sich die drei Abteilungsleiter Herr Kühn (Preisgestaltung), Frau von Hartung (Werbung) und Herr Veith (Vertrieb) zu einem Abstimmungsgespräch. Nach einer nochmaligen Sichtung der vorliegenden Materialien vereinbaren sie, dass ihr arbeitsteiliges Vorgehen bis zum 4. September abgeschlossen sein sollte. Eine laufende Abgleichung der Zwischenergebnisse soll über die Abteilungsleiter sichergestellt werden. Außerdem wird beschlossen, die Abteilungsleiter/-innen für Produktgestaltung (Frau Friedenberger), Sortimentsgestaltung (Herr Höhne) und Service (Frau Menges) einzubeziehen.

Aufgabe 26:

Überlegen Sie mit Ihren Mitschülerinnen und Mitschülern, ob Sie die Preis-, Kommunikations- und Distributionspolitik in arbeitsgleichen oder arbeitsteiligen Teams erarbeiten. Bearbeiten Sie nach Festlegung der Vorgehensweise die Seiten 48–66 des Arbeitsheftes in entsprechender Form.

25 Aug.

In der Abteilung Preisgestaltung:

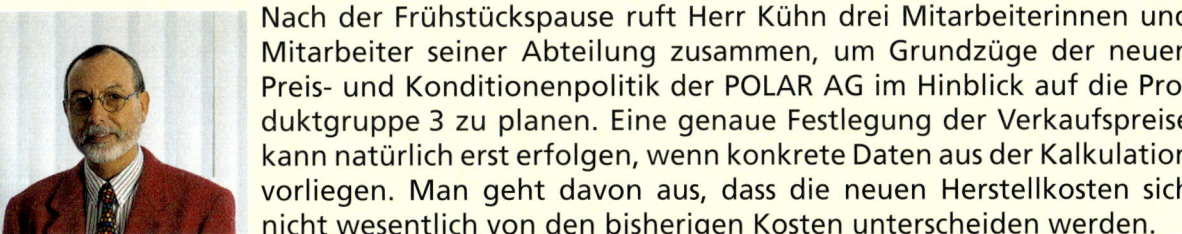

Nach der Frühstückspause ruft Herr Kühn drei Mitarbeiterinnen und Mitarbeiter seiner Abteilung zusammen, um Grundzüge der neuen Preis- und Konditionenpolitik der POLAR AG im Hinblick auf die Produktgruppe 3 zu planen. Eine genaue Festlegung der Verkaufspreise kann natürlich erst erfolgen, wenn konkrete Daten aus der Kalkulation vorliegen. Man geht davon aus, dass die neuen Herstellkosten sich nicht wesentlich von den bisherigen Kosten unterscheiden werden.

Zur Erarbeitung des neuen preispolitischen Konzepts wird das von Frau Dr. Westphal zur Verfügung gestellte Informationsmaterial aufmerksam studiert:

Preis- und Konditionenpolitik

I. Begriffliche Abgrenzung

Die Preis- und Konditionenpolitik, in der fachwissenschaftlichen Literatur häufig als Kontrahierungspolitik zusammengefasst, kennzeichnet die folgenden Entscheidungsbereiche eines Unternehmens bei der Berechnung des Verkaufspreises:

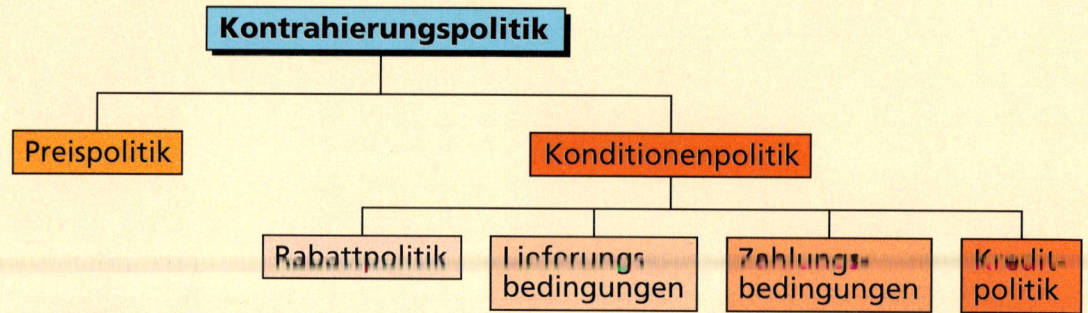

II. Zielsetzung

Ziel des Einsatzes dieses absatzpolitischen Instrumentes ist es, unter Berücksichtigung der Kosten im Unternehmen und des preispolitischen Verhaltens der Mitbewerber (Konkurrenten) und der Konsumenten, langfristig den Unternehmensgewinn zu sichern und zu steigern. Die Kontrahierungspolitik muss in die Unternehmensphilosophie, die allgemeine Unternehmenszielsetzung, eingebettet sein.

III. Entscheidungsbereiche der Preis- und Konditionenpolitik

1. Einflussgrößen der Preispolitik

Der Preis eines Produktes wird betriebsintern durch die Kosten und betriebsextern durch die Marktbedingungen – das Verhalten der Mitbewerber und Kunden – beeinflusst. Ein Unternehmen muss versuchen, zwischen der kosten- und der marktorientierten Preisbildung eine Verbindung herzustellen.

↳ Kostenorientierte Preisfindung

Jedes Unternehmen wird bei der kostenorientierten Preisfindung zunächst fragen, welche Kosten die Herstellung und der Vertrieb eines Produktes verursachen. Zu diesem Zweck ermitteln Industrieunternehmen den Verkaufspreis eines Produktes mithilfe des folgenden Kalkulationsschemas:

		Rechenbeispiel:			Erläuterungen:
	Fertigungsmaterial (Einzelkosten)[1]	300,00 GE [4]			[1] **Einzelkosten:** Kosten, die dem Produkt direkt zugerechnet werden können (z. B. Kosten eines Elektromotors für eine Waschmaschine).
+	Materialgemeinkosten[2] 5 %	15,00 GE			
=	**Materialkosten (I)**	**315,00 GE**			
	Fertigungslöhne (Einzelkosten)[1]	235,00 GE			
+	Fertigungsgemeinkosten[2] 150 %	352,50 GE			
+	Sondereinzelkosten der Fertigung[3]	7,50 GE			[2] **Gemeinkosten:** Kosten, die dem Produkt nicht direkt zugerechnet werden können (z. B. Gehalt für eine Chefsekretärin). Die Gemeinkosten werden den Einzelkosten prozentual zugeschlagen (z. B. über einen Verteilungsschlüssel).
=	**Fertigungskosten (II)**	**595,00 GE**			
=	**Herstellkosten (I + II)**			**910,00 GE**	
+	Verwaltungsgemeinkosten[2] 14 %	127,40 GE			
+	Vertriebsgemeinkosten[2] 12 %	109,20 GE			
+	Sondereinzelkosten des Vertriebs[3]	53,40 GE			
=	**Selbstkosten**			**1.200,00 GE**	[3] **Sondereinzelkosten:** Kosten, die aufgrund eines speziellen Kundenauftrages entstehen (z. B. Maschineneinstellkosten für die Herstellung von Sondermaßen oder Kosten für Sondertransporte).
+	Gewinnzuschlag 15 %			180,00 GE	
=	**Barverkaufspreis**		95 %	**1.380,00 GE**	
+	Kundenskonto (i. H.) 3 %		3 %	43,58 GE	
+	Vertreterprovision (i. H.) 2 %		2 %	29,05 GE	
=	**Zielverkaufspreis**	95 %	100 %	**1.452,63 GE**	[4] **GE:** Geldeinheiten
+	Kundenrabatt (i. H.) 5 %	5 %		76,45 GE	
=	**Listenverkaufspreis**	100 %		**1.529,08 GE**	

Der Wettbewerbsdruck durch die Mitbewerber kann ein Unternehmen dazu zwingen, den kalkulierten Verkaufspreis zu unterschreiten. In dieser Situation stellt sich für ein Unternehmen die Frage, bis zu welcher Preisuntergrenze ein Produkt auf dem Markt angeboten werden kann.

Für einen längeren Zeitraum kann ein Unternehmen das Produkt zum Selbstkostenpreis anbieten (z. B. in konjunkturschwachen Zeiten).

Kurzfristig kann der Verkaufspreis bis zur Höhe der variablen Kosten gesenkt werden, da die fixen Kosten unabhängig von der Produktionsmenge gleichbleibend anfallen.

Langfristige Preisuntergrenze	=	Höhe der Selbstkosten

Kurzfristige Preisuntergrenze	=	Höhe der variablen Kosten

variable Kosten:

Beschäftigungs- (umsatz-)abhängige Kosten, z. B. Materialkosten

fixe Kosten:

Beschäftigungs- (umsatz-)unabhängige Kosten, z. B. Leasingrate für EDV-Anlage

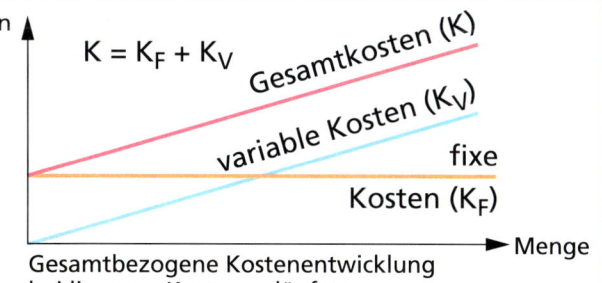

$K = K_F + K_V$

Gesamtbezogene Kostenentwicklung bei linearen Kostenverläufen

↳ Kundenorientierte Preisfindung

Jedes Unternehmen muss sich bei der Preisfindung an der Kaufkraft der Kunden orientieren. Deshalb wird sich die Preisgestaltung auch an den am Markt erzielbaren Preisen ausrichten. Liegt der bisher kalkulierte Preis über dem am Markt realisierbaren, muss das Unternehmen nach Möglichkeiten suchen, Kosten zu senken, z. B. bei der Beschaffung oder Herstellung. Kosten können auch reduziert werden, indem die Absatzmenge gesteigert wird. In diesem Fall werden die Fixkosten auf eine größere Produktionsmenge verteilt; man spricht von der Fixkostendegression.

Den Zusammenhang zwischen der abgesetzten Menge und den erzielbaren Marktpreisen drückt die sogenannte Preis-Absatzfunktion aus. Sie zeigt auf, welche Mengen zu welchen Preisen absetzbar sind.

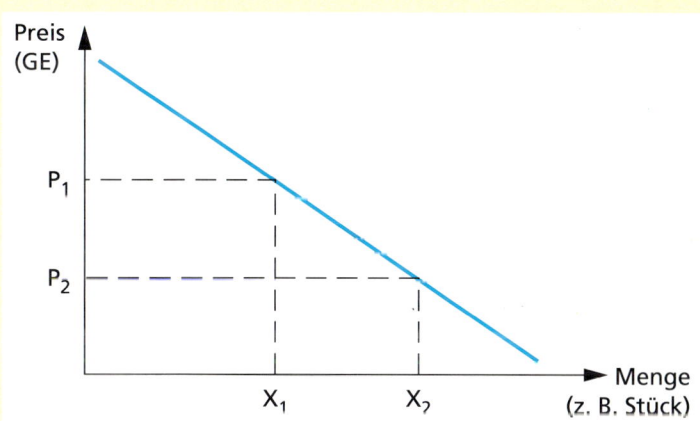

↳ Konkurrenzorientierte Preisfindung

Bei der konkurrenzorientierten Preisfindung beziehen die Unternehmen die preispolitischen Verhaltensweisen der Mitbewerber in ihre Preisgestaltung ein.

Die Unternehmen können einerseits aggressive Preispolitik betreiben, um so Marktanteile auf Kosten der Mitbewerber zu gewinnen. Sinnvoll ist diese Preispolitik nur, wenn durch den gesteigerten Gesamtumsatz der geringere Erlös pro Stück mindestens ausgeglichen werden kann.

Andererseits können sich die Unternehmen an die Preispolitik der Mitbewerber anpassen, die Preisführerschaft von mächtigen Konkurrenten wird dabei anerkannt.

2. Strategien der Preis- und Konditionenpolitik

↳ Preispositionierung

Mit der Preispositionierung steuert ein Unternehmen mit seinem Produkt ganz bewusst einen bestimmten Preisbereich an. Dies erfolgt z. B. bei Markenwaren, die im oberen Preissegment angeboten werden. Ein hoher gleichbleibender Qualitätsstandard, verbunden mit einem entsprechenden Marken- bzw. Firmenimage, soll über empfohlene Verkaufspreise zu einer einheitlichen Preisgestaltung im Facheinzelhandel führen.

↳ Dynamische Preisgestaltung

Mit der dynamischen Preisgestaltung versucht ein Unternehmen, Preise flexibel an die Marktsituation anzupassen. Dies kann z. B. durch einen niedrigen Einführungspreis für ein neues Produkt geschehen, um so schnell einen großen Umsatz zu erzielen. Eine andere Möglichkeit wäre, zunächst einen hohen Preis zu verlangen, der von einer bestimmten Käuferschicht akzeptiert wird. Um danach neue Käuferschichten zu erschließen, wird der Preis schrittweise gesenkt (vgl. Produktlebenszyklus S. 41).

↳ Preisdifferenzierung

Bei der Preisdifferenzierung bietet ein Unternehmen ein Produkt zu verschiedenen Preisen an, um den Preisvorstellungen unterschiedlicher Käuferschichten in verschiedenen Teilmärkten zu entsprechen. Diese Formen der Preisdifferenzierung können sein:[1]
- räumliche Preisdifferenzierung (unterschiedliche Preise, z. B. in Großstädten und ländlichen Gebieten)
- zeitliche Preisdifferenzierung (z. B. Saisonpreise)
- mengenmäßige Preisdifferenzierung (z. B. Mengenrabatt)
- verwendungsbezogene Preisdifferenzierung (z. B. unterschiedliche Mietpreise für private und gewerbliche Nutzung)
- personenbezogene Preisdifferenzierung (z. B. Sondertarife für Schüler/-innen in öffentlichen Verkehrsmitteln)

↳ Rabattpolitik

Die Unternehmen nutzen z. B. folgende Preisnachlässe, um Preisdifferenzierungen (s. o.) vornehmen zu können:
- Mengenrabatt (z. B. für Großabnehmer)
- Wiederverkäuferrabatt (z. B. für Großhändler)
- Treuerabatt (z. B. für Stammkunden)
- Saisonrabatt (z. B. für saisonale Sonderaktionen)
- Sonderrabatt (z. B. bei Messen)
- Bonus (nachträglicher Preisnachlass bei Erreichen eines Mindestumsatzes)
- Skonto (Nachlass für vorzeitige Zahlung)

↳ Bestimmung der Lieferungsbedingungen

In der Wettbewerbssituation der Marktwirtschaft können Unternehmen die Lieferungsbedingungen nicht einseitig bestimmen, sondern müssen sie als Instrumente der Absatzpolitik verstehen, um sich den Kundenwünschen individuell stellen zu können. Kundenorientierte Lieferungsbedingungen können dazu beitragen, sich von Wettbewerbern abzuheben.
Zu den wichtigsten Lieferungsbedingungen gehören:
- Gestaltung der Transport- und Versicherungskosten (besonders wichtig im Auslandsgeschäft)
- Verpflichtung des Herstellers zur Zahlung einer Konventionalstrafe (Vertragsstrafe) bei verspäteter Lieferung
- Regelung des Umtauschrechtes (besonders wichtig bei Versandhäusern)

↳ Bestimmung der Zahlungsbedingungen

Die Gestaltung der Zahlungsbedingungen wird ebenso als absatzpolitisches Instrument genutzt wie die Lieferungsbedingungen.
Zu den wichtigsten Zahlungsbedingungen gehören:
- Bestimmung von Zahlungsfristen (z. B. Skontofrist)
- Regelung der Zahlungsweise/Zahlungsabwicklung (z. B. Barzahlung, Ratenzahlung)
- Zahlungssicherung (z. B. Eigentumsvorbehalt)

---

1 vgl. Hüttner, a. a. O., Seite 206 f.

↳ **Absatzkreditpolitik**

Die Absatzkreditpolitik dient Unternehmen dazu, Kunden bei der Finanzierung ihrer Kaufwünsche zu unterstützen. Damit können neue Kundenzielgruppen erschlossen werden. Wichtige absatzpolitische Maßnahmen können sein:
- Einräumen eines Kreditrahmens unter Gewährung eines günstigen Zinssatzes
- Zahlungsaufschub
- Leasing (Leistung einer geringen Anzahlung und laufender Ratenzahlungen während der vertraglichen Nutzungsdauer, z. B. bei EDV-Anlagen, die stets einer technischen Weiterentwicklung unterliegen)

Aufgabe 27:

Sollte die POLAR AG ihre Preispolitik im oberen Segment Ihrer Meinung nach fortsetzen? Stellen Sie Pro- und Kontra-Argumente gegenüber.

Pro	Kontra

Aufgabe 28:

Welche Kosteneinsparungsmöglichkeiten müsste Ihrer Meinung nach die POLAR AG prüfen, um die Selbstkosten für die neue Produktlinie von Geschirrspülern zu senken?

Aufgabe 29:

Welche Bedeutung könnte die kurzfristige Preisuntergrenze für eine beabsichtigte Umsatzsteigerung auf Auslandsmärkten haben, auf denen eine geringere Kaufkraft vorhanden ist?

....

....

....

....

Aufgabe 30:

Planen Sie die Grundzüge der Preisgestaltung für die neue Geschirrspülergeneration unter besonderer Berücksichtigung der einzelnen Phasen des Produktlebenszyklus.

....

....

....

....

....

....

Aufgabe 31:

Unterbreiten Sie Vorschläge zur konkreten Ausgestaltung der Konditionenpolitik der POLAR AG im Hinblick auf ihre neue Produktpolitik gegenüber dem Handel.

....

....

....

....

....

Aufgabe 32:

Welche absatzkreditpolitischen Maßnahmen könnten zur Förderung des Absatzes bei der neuen Produktpolitik der POLAR AG gegenüber ihren Abnehmern getroffen werden?

....

....

....

....

Aufgabe 33:

Fassen Sie die erarbeiteten Einzelergebnisse zur Gestaltung der Preis- und Konditionenpolitik zu einem einheitlichen Konzept für dieses absatzpolitische Instrument zusammen.

....

....

....

....

....

....

....

....

....

....

....

....

In der Werbeabteilung:
Frau von Hartung bittet zwei Mitarbeiterinnen ihrer Abteilung zu sich, um die tags zuvor beschlossene Vorgehensweise für die Erarbeitung von Grundlagen eines Werbekonzeptes für die neue Produktlinie umzusetzen. Zu diesem Zweck studieren sie das von Frau Dr. Westphal bereitgestellte Informationsmaterial zur Kommunikationspolitik:

Kommunikationspolitik

I. Begriffliche Abgrenzung und Zielsetzung

Die Kommunikationspolitik versucht gezielt das Verhalten von potenziellen Kunden mithilfe besonderer Kommunikationsmittel zu beeinflussen.

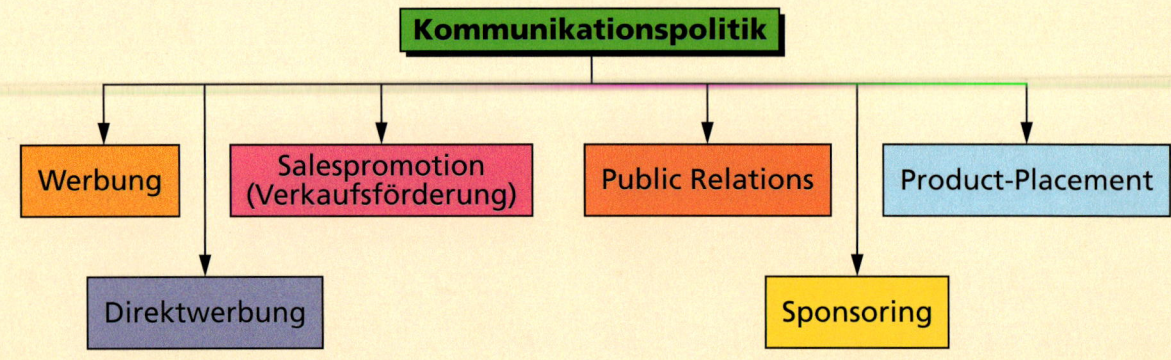

II. Entscheidungsbereiche der Kommunikationspolitik

1. (Klassische) Werbung

↳ **Werbende: Wer wirbt?**

Nach der Stellung der Werbenden im Absatzprozess unterscheidet man zwischen **Herstellerwerbung** und **Handelswerbung.**

Nach der Anzahl der Werbenden unterteilt man in **Einzelwerbung** und **Kollektivwerbung,** die sich wiederum in **Sammelwerbung** (Mehrere Unternehmen werben unter Nennung der Einzelfirmen) und **Gemeinschaftswerbung** (Mehrere Unternehmen werben ohne Nennung ihrer Firma, z. B. „Die Milch machts!") aufgliedert.

↳ **Werbeziel: Welche Wirkung soll erzielt werden?**[1]

In der Fachliteratur werden **ökonomische** (z. B. Umsatzsteigerung) und **außerökonomische Ziele** (z. B. Markenimage verbessern) unterschieden.

Eine weitere geläufige Unterteilung von Werbezielen lautet:
Einführungswerbung (z. B. für ein neues Produkt), **Expansionswerbung** (z. B. zur Erhöhung des Marktanteils) und **Erinnerungswerbung** (z. B. zum Erhalt des bisherigen Bekanntheitsgrades).

↳ **Werbezielgruppen: Wer soll umworben werden?**[1]

Die Werbezielgruppe muss genau bestimmt werden, um **Streuverluste** beim Einsatz der Werbeträger und Werbemittel so gering wie möglich zu halten. Es muss dabei bedacht werden, dass Käufer und Verwender eines Produktes nicht identisch sein müssen.

↳ **Werbezielgebiet: Wo soll geworben werden?**

Das Unternehmen hat zu entscheiden, ob auf dem **Gesamtmarkt** oder auf bestimmten **Teilmärkten** geworben werden soll.

---

1   vgl. Hüttner, a. a. O., S. 220 ff.

↳ Werbeträger: Welche Medien sollen genutzt werden?[1]

Werbeträger werden gewöhnlich in **Printmedien** (z. B. Zeitschriften), **elektronische Medien** (z. B. TV, Internet) und **Außenwerbung** (z. B. Plakate) unterteilt, deren Nutzung sich in sehr unterschiedlich hohen Werbekosten niederschlagen kann.

↳ Werbemittel: In welcher Form soll geworben werden?[1]

Die Auswahl der geeigneten Werbemittel muss Erkenntnisse der Wahrnehmungspsychologie berücksichtigen. Die Gestaltung des Werbemittels entscheidet meistens darüber, ob die Werbebotschaft den Umworbenen zielgerichtet erreicht und die beabsichtigte Wirkung erzielt.

Beispiele	
Werbeträger	**Werbemittel**
Zeitung, Zeitschrift	Anzeige, Beilage
Fernsehen	Fernsehspot
Kino	Dia, Kinospot, Werbefilm
Fahrzeuge	Beschriftung von Firmenwagen, Straßenbahnen
Internet	Kunden-Newsletter per E-Mail

↳ Werbebotschaft: Wie soll geworben werden?[1]

Die Werbebotschaft sollte den **Nutzen, den Vorteil** des Produktes für den Umworbenen herausstellen.

↳ Werbeetat: Welche Geldmittel stehen zur Verfügung?[1]

Häufig wird ein **prozentualer Anteil der Werbeausgaben** am Umsatz festgelegt, obwohl ein antizyklisches Vorgehen sinnvoller wäre. Der Werbeetat soll v. a. an den Werbezielen ausgerichtet werden.

↳ Werbetiming: Wann soll (wie) geworben werden?[1]

Die Werbemaßnahmen sollten in einem **Werbeplan** festgehalten werden, auch wenn Werbeaktionen der Mitbewerber kurzfristige Änderungen hervorrufen können.

Das Werbetiming ist gerade bei der Einführung neuer Produkte besonders wichtig.

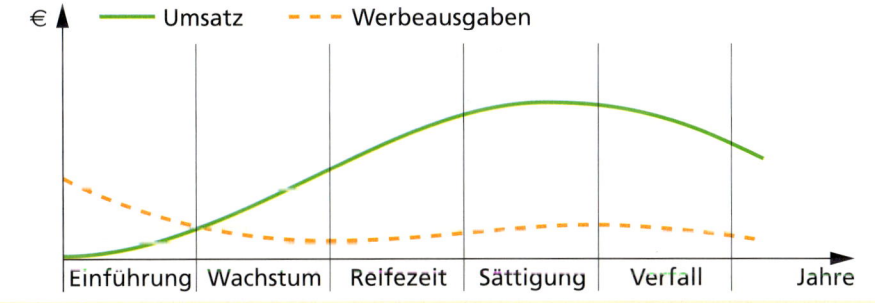

aus: Erfolgreich werben und verkaufen. Das Werbehandbuch für den Miele Fachhändler, Gütersloh 1990

↳ Werbeerfolgskontrolle: Wie soll der Werbeerfolg gemessen werden?

Man unterscheidet die **ökonomische** von der **außerökonomischen Werbeerfolgskontrolle.** Der **ökonomische Werbeerfolg** soll sich aufgrund der folgenden Formel berechnen lassen:

> Werbegewinn = werbebedingter Mehrumsatz – Werbekosten

Gerade die genaue Ermittlung des werbebedingten Mehrumsatzes ist aber aufgrund von Zuordnungsproblemen kaum möglich.

Die **außerökonomische Werbeerfolgskontrolle** versucht z. B. über Befragungen Werbekontakte und Werbewirkungen zu messen.

---

1 vgl. Hüttner, a. a. O., S. 220 ff.

2. Direktwerbung

Im Gegensatz zur anonymen Massenumwerbung werden bei der Direktwerbung die Zielpersonen direkt, individuell angesprochen. Diese Form der Werbung hat an Bedeutung so stark zugenommen, dass zusammen mit dem Direktverkauf an Letztverwender und -verbraucher vom sogenannten Direktmarketing gesprochen wird. Neben individuell adressierten Werbesendungen zählt zur Direktwerbung vor allem das Telefonmarketing. Die neuen elektronischen Medien bieten eine Vielzahl von Möglichkeiten für Direktwerbung (z. B. Kunden-Newsletter per E-Mail). Um eine zielgenaue Direktwerbung durchführen zu können, wird eine umfangreiche Datei (Datenbank) über die anzusprechenden Zielgruppen geführt. Bei dieser Form der Werbung lässt sich der Werbeerfolg in der Regel besser messen.

3. Salespromotion (Verkaufsförderung)

Salespromotion umfasst eine Vielzahl von verkaufsfördernden Aktionen, um den Absatz kurzfristig zu steigern. Nach den Zielgruppen dieser Aktion unterscheidet man:

↳ **Verbraucherpromotions**

Die Konsumenten werden auf ein Produkt aufmerksam gemacht oder zum Kauf angeregt.
Beispiele: Gewinnspiele, Produktproben, Warengutscheine, Produktvorführung im Einzelhandelsgeschäft

↳ **Außendienstpromotions**

Der firmeneigene Außendienst wird z. B. durch Sonderprämien oder Wettbewerbe motiviert; Schulungen und geeignete Verkaufsunterlagen unterstützen den Außendienst.

↳ **Händlerpromotions**

Sonderrabatte, Verkaufsprämien und Rücknahmegarantien motivieren die Handelspartner; das Zurverfügungstellen von Displaymaterial (z. B. Aufsteller, Schaufensterdekoration) und die Durchführung von Schulungen unterstützen die Beratungs- und Verkaufstätigkeit des Handels.

4. Public-Relations (PR)

Im Mittelpunkt der Öffentlichkeitsarbeit (PR) steht nicht ein Produkt des Unternehmens, sondern das ganze Unternehmen. Ziel der PR-Maßnahmen ist vor allem die Imagepflege des Unternehmens in der Öffentlichkeit, daneben auch eine nach innen gerichtete Wirkung: Die Mitarbeiter/-innen des Unternehmens sollen ein Wirgefühl entwickeln, die Motivation gesteigert werden. Ein besonderes Interesse gilt bei den PR-Aktivitäten sogenannten Meinungsführern oder Multiplikatoren (z. B. Medienvertretern). Gute Pressebeziehungen werden in der Regel durch eine Presseabteilung unterstützt.

Mögliche PR-Maßnahmen sind:

↳ Veröffentlichungen (Pressemitteilungen, Erstellung von Sozial- und Ökobilanzen)
↳ Vorträge, Diskussionsrunden
↳ Veranstaltungen, Ausstellungen
↳ Werksbesichtigungen

Der PR-Gedanke wird bei der Gestaltung einer **Corporate Identity** (Unternehmensidentität) aufgegriffen. Ein einheitliches Bild des Unternehmens nach außen, eine Unternehmenskultur soll geschaffen werden. Dies geschieht z. B. durch Schaffung von einheitlichen Zeichen (Symbolen) des Unternehmens (z. B. auf Briefbögen, Visitenkarten, Firmen-Pkws und -Lkws) oder durch besondere Verhaltensregeln, die von den Mitarbeiterinnen und Mitarbeitern gegenüber Kunden, Lieferanten und der Öffentlichkeit einzuhalten sind.

5. Sponsoring

Das Unternehmen (der Sponsor) unterstützt durch Finanz-, Sach- oder Dienstleistungen Personen, Organisationen oder Institutionen (Gesponsorte) und erwartet dafür bestimmte Gegenleistungen (z. B. besondere Werbemöglichkeiten), die vertraglich abgesichert sind. Formen des Sponsoring sind vor allem:

↳ Sportsponsoring

↳ Kultursponsoring

↳ Sozialsponsoring

↳ Umweltsponsoring

Mithilfe des Sponsorings versucht das Unternehmen, das positive Image des Gesponsorten auf sich zu übertragen. Die Sponsoring-Aktivitäten erreichen auch Zielgruppen, die sich mit herkömmlichen Mitteln der Kommunikationspolitik nicht oder kaum ansprechen lassen.

6. Produkt-Placement[1]

Durch Produkt-Placement versucht ein Unternehmen, Markenartikel z. B. in Kinofilmen, Fernsehsendungen, Videoclips oder Theateraufführungen so geschickt zu platzieren, dass sie vom Zuschauer nicht als Werbemaßnahme identifiziert werden. Produktinnovationen (z. B. neue Automodelle) werden gern in neue Filmproduktionen eingebaut (Innovation-Placement).

Insbesondere das Zapping, d. h. das Umschalten des Fernsehprogramms mithilfe der Fernbedienung bei Werbeblöcken, führt zu einem sprunghaften Anstieg des Product-Placement. In Privatfernsehgesellschaften haben sich spezielle Dauerwerbesendungen etabliert, bei denen Firmenprodukte geschickt als Gewinne platziert werden.

Bearbeiten Sie die folgenden Aufgaben zur Kommunikationspolitik der POLAR AG:

Aufgabe 34:

Legen Sie für eine Werbestrategie der POLAR AG Werbeziele und Werbezielgruppen für die neue Produktlinie fest. Entscheiden Sie, ob die entsprechenden Werbemaßnahmen später als Hersteller- und/oder Handelswerbung durchgeführt werden sollten.

1 vgl. Hüttner, a. a. O., S. 250 ff.

Aufgabe 35:

Benutzen Sie den folgenden Mediastreuplan, um Werbeträger, Werbemittel, Werbebotschaft und Werbetiming für eine neue Werbestrategie der POLAR AG zu bestimmen.

Überlegen Sie in diesem Zusammenhang, welcher Zeitpunkt hierfür am besten geeignet wäre.

Mediastreuplan für: Geschirrspüler			Terminübersicht:											
Werbeträger:	Werbemittel:	Werbebotschaft:	Jan.	Febr.	März	Apr.	Mai	Juni	Juli	Aug.	Sept.	Okt.	Nov.	Dez.

Aufgabe 36:

Entwickeln Sie für die Produktlinie der POLAR AG eine konkrete Werbemaßnahme (Entwurf einer Werbeanzeige, eines Werbeplakates, eines Hörfunk- oder Fernsehspots). Präsentieren Sie Ihre Arbeitsergebnisse anschließend der gesamten Klasse.

Aufgabe 37:

Entscheiden Sie, welche Verkaufsförderungsmaßnahmen bei der Einführung der neuen Produktlinie bei Geschirrspülern durchzuführen wären.

Aufgabe 38:

Halten Sie Direktwerbung für die neue Geschirrspülergeneration für sinnvoll? Begründen Sie Ihre Meinung.

Aufgabe 39:

Prüfen Sie, inwieweit PR-Maßnahmen, Sponsoring-Aktivitäten und Product-Placement bei der neuen Produkt- und Sortimentspolitik der POLAR AG sinnvoll wären. Machen Sie gegebenenfalls konkrete Vorschläge.

Aufgabe 40:

Prüfen Sie, ob die von Ihnen geplanten Maßnahmen der Kommunikationspolitik sinnvoll aufeinander abgestimmt sind.

In der Vertriebsabteilung:

Herr Veith informiert die Mitarbeiterinnen und Mitarbeiter seiner Abteilung über die Problemstellung hinsichtlich der neuen Produktlinie und die Fragen, die unter vertriebspolitischen Gesichtspunkten zu lösen sind. Frau Dr. Westphal empfehle, sich noch einmal von Grund auf mit Vertriebsfragen auseinanderzusetzen, auch wenn Abweichungen von der bisherigen Distributionspolitik sehr kostenintensiv sein könnten. Es gehe darum, neue Ideen zu finden. Danach bittet er eine Mitarbeiterin und einen Mitarbeiter, sich intensiv mit den folgenden von Frau Dr. Westphal zur Verfügung gestellten neuesten Informationsmaterialien vertraut zu machen.

Distributionspolitik

I. Begriffliche Abgrenzung und Zielsetzung

Die **Zielsetzung** der Distributionspolitik[1], die mit den übergeordneten Zielen der Unternehmenspolitik (Unternehmensphilosophie) abgestimmt sein muss, besteht darin, „… das richtige Produkt zur richtigen Zeit, im richtigen Zustand, in der richtigen Menge am richtigen Ort den Abnehmern zur Verfügung zu stellen".[2]

Die Distributionspolitik wird in der fachwissenschaftlichen Literatur durch zwei Aufgabenbereiche bei der Verteilung von Handelsgütern eines Unternehmens gekennzeichnet:

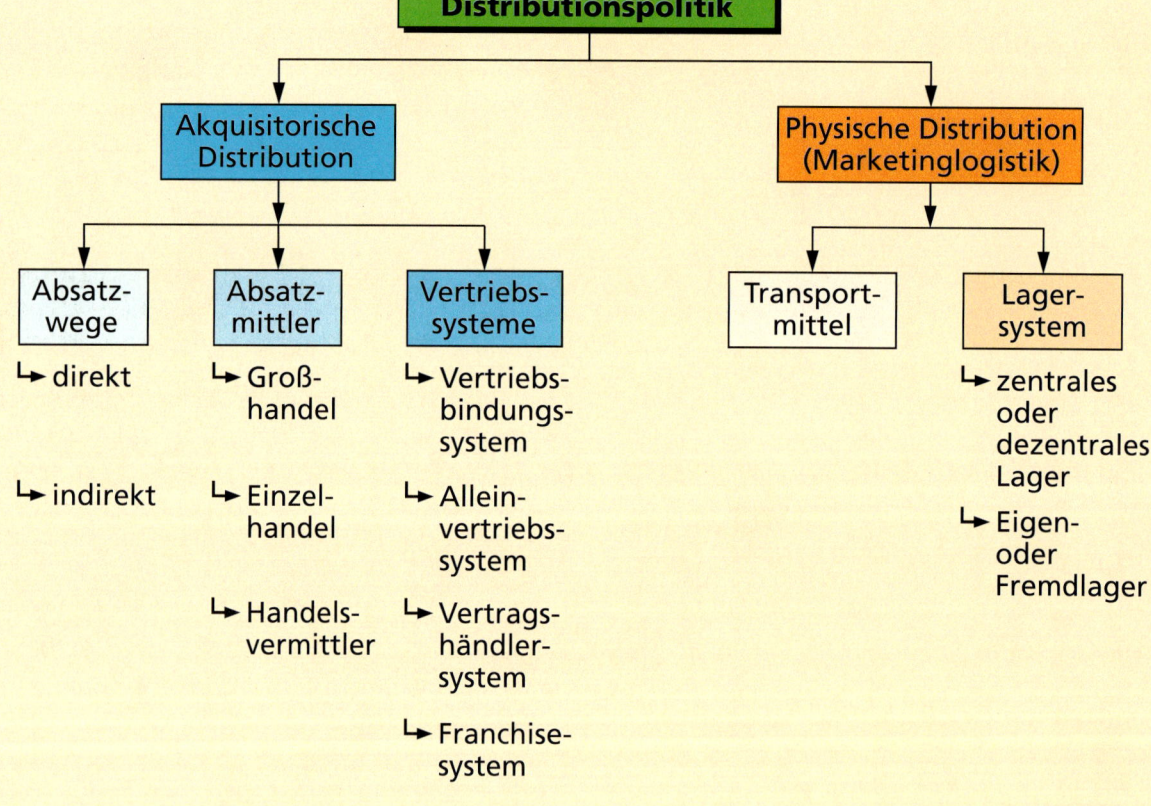

Die **akquisitorische Distribution** kann als das Management der Verteilungskanäle bezeichnet werden. Sie beschäftigt sich vor allem mit der Wahl des Distributionssystems.[3]

Unter **physischer Distribution** (Marketinglogistik) versteht man die Planung, Steuerung, Realisation und Kontrolle aller Güter und Dienstleistungen, die von Anbietern zu den Abnehmern gelangen sollen.[4]

---

1   Distribution: Verteilung von Handelsgütern
2   vgl. Knoblich, H., Absatzpolitik, Göttingen 1994, S. 158
3   vgl. Hüttner, a. a. O., S. 255
4   vgl. Weis, H. C., Marketing, Ludwigshafen 2009, S. 437

II. Entscheidungsbereiche der akquisitorischen Distribution

1. Entscheidung über den Absatzweg

Man unterscheidet prinzipiell den direkten und den indirekten Absatzweg.

↳ Direkter Absatzweg

Beim direkten Absatzweg übernimmt der Hersteller alle Verteilerfunktionen seines Produktes bis zum Verwender bzw. Konsumenten unter Umgehung des institutionellen Handels. Der Hersteller kann sich dabei entweder direkt an den Kunden wenden (z. B. bei Großkunden) oder es werden betriebseigene Absatzorgane (u. a. Verkaufsniederlassungen und/oder Reisende) dazwischengeschaltet.

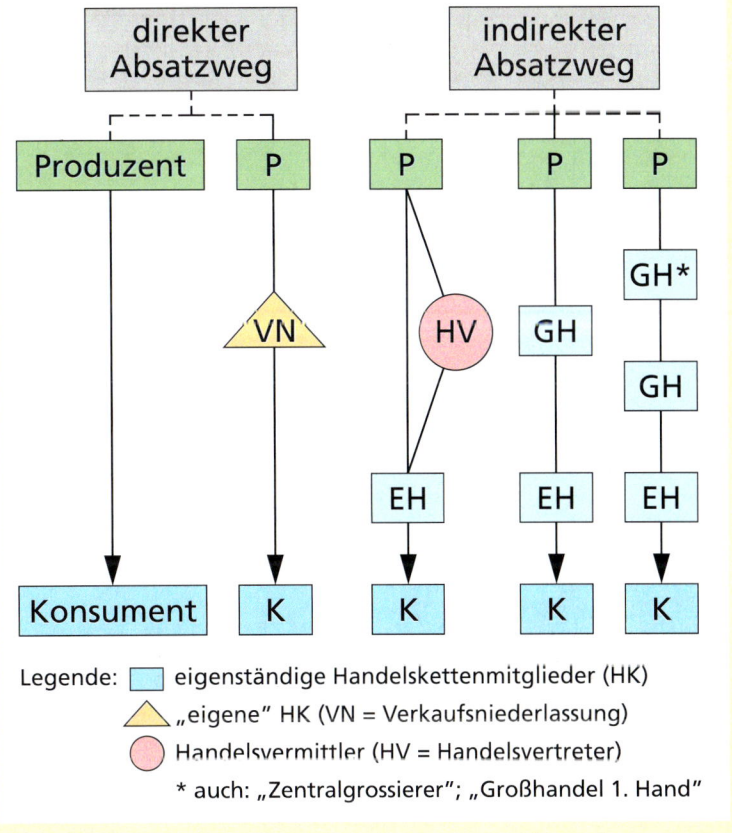

Legende: ☐ eigenständige Handelskettenmitglieder (HK)
△ „eigene" HK (VN = Verkaufsniederlassung)
○ Handelsvermittler (HV = Handelsvertreter)
* auch: „Zentralgrossierer"; „Großhandel 1. Hand"

aus: Hüttner, a. a. O., S. 256

– Verkaufsniederlassungen: Sie werden häufig von großen Unternehmen aufgebaut, um direkt verschiedene Abnehmer im In- und Ausland in der richtigen Form beraten zu können (z. B. im Versandhandel).

– Reisender: Er ist Angestellter des Unternehmens und damit an Weisungen seiner Firma gebunden. Er ist Handlungsgehilfe (vgl. § 59 HGB) und hat darüber hinaus Handlungsvollmacht (§ 54 und § 55 HGB). Er kann u. a. Kaufverträge abschließen und Mängelrügen entgegennehmen. Als Vergütung erhält er neben einem festen Gehalt (Fixum) eine umsatzabhängige Provision und Spesen.

↳ Indirekter Absatzweg

Beim indirekten Absatzweg verteilt der Hersteller sein Produkt mithilfe betriebsfremder Organe: selbstständige Handelskettenglieder (Groß- und Einzelhandel) und/oder selbstständige Handelsvermittler (Handelsvertreter, Kommissionär, Handelsmakler).

↳ Bestimmungsfaktoren[1] für die Wahl des Absatzweges

Eine Entscheidung für einen bestimmten Absatzweg hängt u. a. ab von:

- betriebsinternen Faktoren, wie u. a. Betriebsgröße (z. B. Groß- oder Kleinbetrieb) oder eigener Absatzorganisation (stark oder schwach ausgebaut);

- der Eigenart der Ware, wie z. B. dem Verwendungszweck (Produktionsmittel/Konsumgut) oder der Erklärungsbedürftigkeit (techn. Komplexität);

- betriebsexternen Faktoren, wie z. B. der Anzahl und Größe der Abnehmer, Entfernung zu den Absatzmärkten oder gesetzlichen Bestimmungen.

---

1 vgl. Knoblich, H., Absatzpolitik, a. a. O., S. 162 f.

2. Entscheidung über Absatzmittler

Die Entscheidung des Herstellers, dass er betriebsfremde Absatzorgane als Absatzmittler (Groß- und/oder Einzelhandel und/oder Handelsvermittler) für den Vertrieb seiner Waren zum Konsumenten in Anspruch nimmt, hängt u. a. von verschiedenen Bedingungen, die die betriebsfremden Absatzorgane erfüllen müssen, ab, z. B.:

- Verkaufs-Know-how
- Lagerhaltung
- Absatzrisiko
- Absatzdichte (Distributionsgrad)

↳ Großhandel

Der Großhandel kauft i. d. R. von Produktionsunternehmen in eigenem Namen und für eigene oder fremde Rechnung Waren. Es ist u. a. abhängig von der jeweiligen Betriebsform (z. B. Sortiments- und/oder Spezialgroßhandel), welche Distributionsfunktionen (u. a. Lagerung, Transport, Sortimentsbildung, Qualitätskontrolle usw.) vom Großhandel übernommen werden können.

↳ Einzelhandel

Der Einzelhandel kauft entweder direkt vom Hersteller und/oder über Handelsvermittler oder dem Großhandel in eigenem Namen und für eigene oder fremde Rechnung Waren, um sie an den Konsumenten weiterzuverkaufen. Für den Hersteller ist es von Bedeutung, inwiefern der Einzelhändler das Marketingkonzept des Herstellers mitträgt. In diesem Zusammenhang gibt es drei Möglichkeiten:

- **intensive Distribution:** Das Produkt ist überall erhältlich; diese Form ist zum Aufbau eines einheitlich starken Markenimages und für Markenprodukte im oberen Preissegment ungeeignet.[1]

- **selektive Distribution:** Das Produkt wird nur in den Betriebsformen des Einzelhandels (Fachhandel) abgesetzt, deren Image mit dem Produkt übereinstimmt.

- **exklusive Distribution:** Das Produkt wird nur an einen Händler in einem festgelegten Absatzgebiet ausgeliefert (z. B. Designerkleidung). In diesem Fall handelt es sich um hochwertige Markenwaren, die kaufkräftige Schichten ansprechen sollen.[2]

↳ Handelsvermittler

Zu den Handelsvermittlern zählen der Handelsvertreter (§§ 84–92 HGB), Kommissionär (§§ 383–406 HGB) und Handelsmakler (§§ 93–104 HGB).

- **Handelsvertreter:** Er ist selbstständiger Gewerbetreibender und ständig damit beauftragt, für andere Unternehmen (d. h. in fremdem Namen) Geschäfte abzuschließen. Er kann im Wesentlichen seine Tätigkeit selbst bestimmen. In der Regel ist er für mehrere Unternehmen tätig (Mehrfirmenvertreter). Als Vergütung erhält er eine Vermittlungs- oder Abschlussprovision.

- **Kommissionär:** Er ist selbstständiger Gewerbetreibender und übernimmt es gewerbsmäßig, Verträge in eigenem Namen auf fremde Rechnung abzuschließen. Der Kommissionär trägt kein Absatzrisiko, da er nicht verkaufte Ware aufgrund des Kommissionsvertrages an den Hersteller (Kommittent) zurückgeben kann. Als Vergütung erhält er eine Provision (festen Prozentsatz) vom vereinbarten Preis.

- **Handelsmakler:** Er ist selbstständiger Gewerbetreibender und wird nur im Bedarfsfall aufgrund seiner guten Marktkenntnisse mit der Anschaffung oder dem Verkauf von Waren oder Dienstleistungen beauftragt. Als Vergütung erhält er je zur Hälfte vom Verkäufer und Käufer (falls nicht anders vertraglich vereinbart) einen bestimmten Prozentsatz vom Auftragsvolumen.

---

1 vgl. Hüttner, a. a. O., S. 262
2 vgl. Knoblich, a. a. O., S. 171

3. Entscheidung über die Form des vertraglichen Vertriebssystems

Ein vertragliches Vertriebssystem kann „[…] definiert werden als planmäßige, auf Dauer angelegte und durch individualrechtliche Vereinbarungen im Zusammenhang mit Austauschverträgen geregelte Zusammenarbeit zwischen selbstständig bleibenden Industrie- und Handelsunternehmen".[1]

Durch den Aufbau eines vertraglichen Vertriebssystems versucht der Hersteller bestimmte Abnehmer seiner Produkte von der Belieferung durch Vertragsregelungen auszuschließen. Der Hersteller verfolgt damit die Absicht, dass die ausgewählten selbstständigen Handelsunternehmen in seine Vertriebskonzeption eingebunden werden.

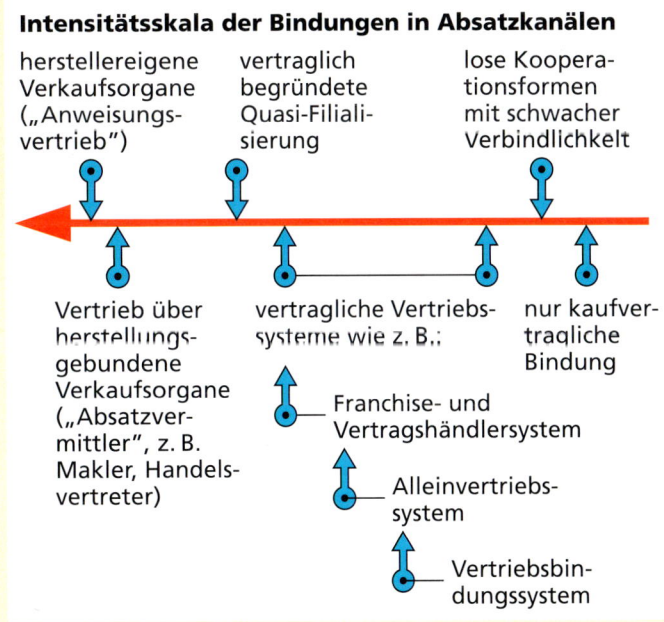

aus: Knoblich, a. a. O., S. 186

↳ Vertriebsbindungssystem

Vertriebsbindungen können sich je nach Gestaltung der Verträge u. a. erstrecken auf:

- Vertriebswegebindungen in räumlicher Hinsicht, z. B. Exportverbot für inländische Abnehmer
- Vertriebswegebindungen in personeller Hinsicht, z. B. Vertriebsbeschränkung auf bestimmte Abnehmerkreise (sogenannte Kundenbeschränkungsklauseln)
- Vertriebsbindungen in zeitlicher Hinsicht, z. B. Beschränkungen hinsichtlich der Vertriebszeit neuer bzw. auslaufender Modelle.[2]

↳ Alleinvertriebssystem

Der Hersteller verpflichtet sich, in einem bestimmten Absatzgebiet nur den alleinvertriebsberechtigten Händler zu beliefern (z. B. bei Neueinführung eines Produktes).

↳ Vertragshändlersystem

Der Vertragshändler verpflichtet sich durch vertragliche Regelungen, in eigenem Namen und auf eigene Rechnung Waren des Hersteller unter Einhaltung der Marketingkonzeption zu vertreiben (u. a. Bewahrung des Images und angemessener Kundendienst).

↳ Franchisesystem[3]

Der Franchisenehmer (z. B. Groß- oder Einzelhandelsbetrieb) schließt mit einem Franchisegeber (z. B. Hersteller) einen Vertrag. Der Franchisevertrag geht in der vertraglichen Bindung über den Vertrag mit dem Vertragshändler hinaus, da der Name bzw. die Firma des Franchisenehmers völlig in den Hintergrund treten. Für die Übernahme eines ausgereiften Marketing- und Verkaufskonzepts (z. B. Fastfood-Kette) hat der Franchisenehmer eine Gebühr an den Franchisegeber zu entrichten.

4. Festlegung eines vertikalen Marketings

Unter vertikalem Marketing versteht man die Einflussnahme auf die zwischen Hersteller und Handel auftretenden Zielkonflikte, die u. a. aus der Aufteilung der Vertriebsspanne resultieren. Zur Problemlösung werden deshalb zwischen Hersteller und Handel häufig vertragliche Vereinbarungen zur Durchsetzung eines einheitlichen Marketing eingesetzt.[4]

---

1 vgl. Knoblich, a. a. O., S. 189
2 ebenda, S. 190 ff.
3 Franchising: Produktion und Vertrieb aufgrund von Lizenzverträgen
4 vgl. Hüttner, a. a. O., S. 265

III. Entscheidungsbereiche der physischen Distribution (Marketinglogistik)

1. Entscheidung über die Transportmittel

Im Rahmen der physischen Distribution (Marketinglogistik) geht es um die Problemlösung, wie Güter durch Transportmittel und die entsprechenden Transportvorgänge über Lagersysteme in die Nähe des Verwenders/Kunden (gewerbliche Abnehmer, Händler, Verbraucher) gelangen.

Die wichtigsten Gründe für die Auswahl eines Transportmittels sind:

↳ Eigenart des Produktes (z. B. Verderblichkeit, Gewicht, Größe des Produktes)

↳ Kosten des Transportmittels

↳ Transportgeschwindigkeit

↳ Zuverlässigkeit des Transportträgers und Haftungsumfang

↳ Umweltverträglichkeit des Transportmittels

Diese Bestimmungsgründe entscheiden auch darüber, ob ein eigener oder ein fremder Fuhrpark genutzt werden soll.

2. Entscheidung über das Lagersystem

Bei der Festlegung des Lagersystems muss zunächst geklärt werden, ob nur ein Zentrallager oder auch regionale Auslieferungslager (dezentrale Lager) errichtet werden sollen.

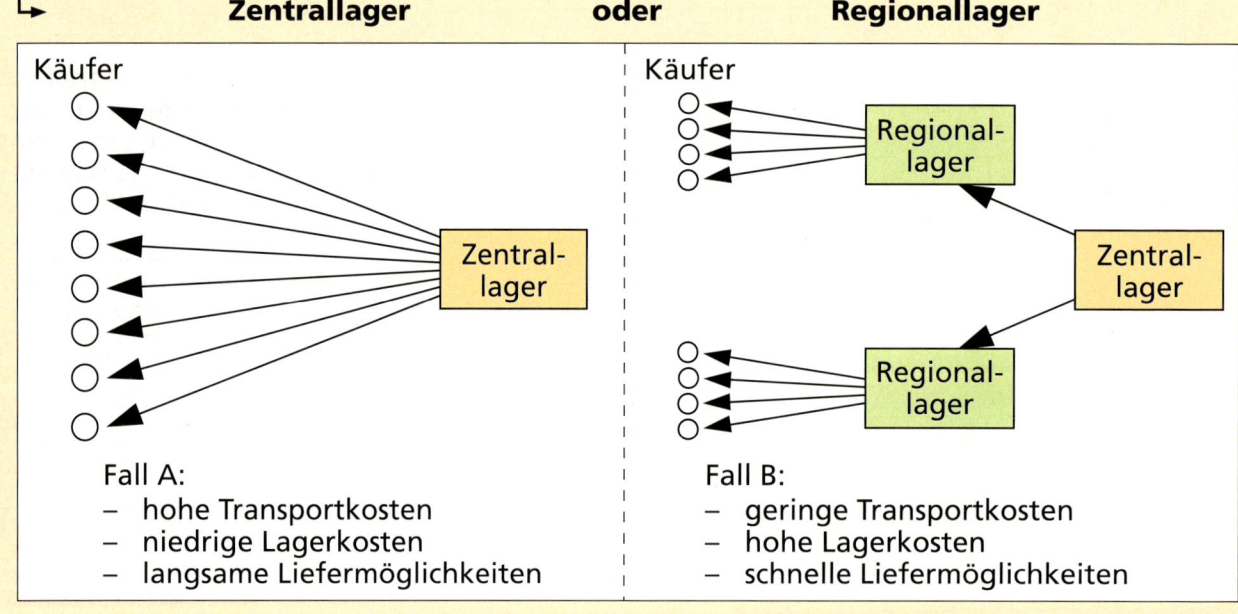

aus: Weiss, a. a. O., S. 334

↳ Eigen- und Fremdlager

Für die Entscheidung, ob ein Lager in Eigen- oder Fremdregie geführt werden soll, sind vor allem die unterschiedlich hohen Kosten ausschlaggebend (z. B. hohe Fixkosten beim Eigenlager). Ein weiterer Grund für diese Entscheidung könnte z. B. die Einflussnahme auf die Kontrolle des Lagerpersonals sein.

Aufgabe 41:

Welcher Absatzweg ist Ihrer Meinung nach für die Produktlinie Geschirrspüler der POLAR AG geeignet? Begründen Sie Ihre Ansicht, beachten Sie dabei die Firmenchronik.

....

....

....

Aufgabe 42:

Bei dem Einsatz von zwei Reisenden würden sich für die POLAR AG in einem ausgewählten Verkaufsgebiet folgende Kosten pro Reisenden ergeben: monatliches Fixum: 3.000,00 GE (Geldeinheiten) und 3,5 % Provision.

a) Ermitteln Sie die Gesamtkosten in GE mithilfe der folgenden Tabelle:

Reisende:	Durchschnittlicher Jahresumsatz in GE:	Fixum in GE:	Provision in GE:	Gesamtkosten in GE:
Reisende(r) 1	900.000,00			
Reisende(r) 2	620.000,00			
Gesamt:				

b) Würde man in dem ausgewählten Verkaufsgebiet bei einem gleich hohen angenommenen Jahresumsatz einen selbstständigen Einfirmenvertreter einsetzen, müsste man ihm eine Provision von 9,5 % einräumen. Bei einem Einsatz eines Mehrfirmenvertreters müsste man mit einer Provision von 6,5 % kalkulieren. Nehmen Sie einen Vergleich der Absatzorgane aus der Sicht der POLAR AG mithilfe der Tabelle vor:

Absatzorgan:	Gesamtkosten für unser Unternehmen in GE:	Rangfolge nach Kostengesichtspunkten:	Vorteil des Einsatzes dieses Absatzorgans:	Nachteil des Einsatzes dieses Absatzorgans:
Provision des/der Einfirmenvertreters/-vertreterin:				
Provision des/der Mehrfirmenvertreters/-vertreterin:				
Einsatz des Absatzorgans Reisende(r):				

Aufgabe 43:

Welche Vor- und Nachteile könnten für den Absatz der neuen Geschirrspülergeneration durch einen Kommissionär entstehen?

....

....

....

Aufgabe 44:

Welches vertragliche Vertriebssystem ist Ihrer Meinung nach für den Absatz der neuen Geschirrspüler der POLAR AG auszuwählen? Begründen Sie Ihre Ansicht.

Aufgabe 45:

Welche Gesichtspunkte sind bei der Wahl der Transportmittel für den Vertrieb der Geschirrspüler zu berücksichtigen?

Aufgabe 46:

Begründen Sie, welches Lagersystem Ihrer Ansicht nach für die POLAR AG geeignet ist.

Aufgabe 47:

Prüfen Sie, ob die von Ihnen erarbeiteten Maßnahmen zur akquisitorischen und physischen Distributionspolitik sinnvoll aufeinander abgestimmt sind.

5
Sept.

Auf der heute stattfindenden Abteilungsleiterkonferenz Marketing lässt sich Frau Dr. Westphal von ihren Abteilungsleitern und -leiterinnen die jeweiligen Konzeptionsvorschläge zur Preis- und Konditionenpolitik, Kommunikations- und Distributionspolitik präsentieren. Sie betont, dass der Einsatz absatzpolitischer Instrumente im Hinblick auf die neue Geschirrspülergeneration für einen möglichst optimalen Marketingmix gut aufeinander abgestimmt sein muss.

Absatz, Marketing und Marketingmix

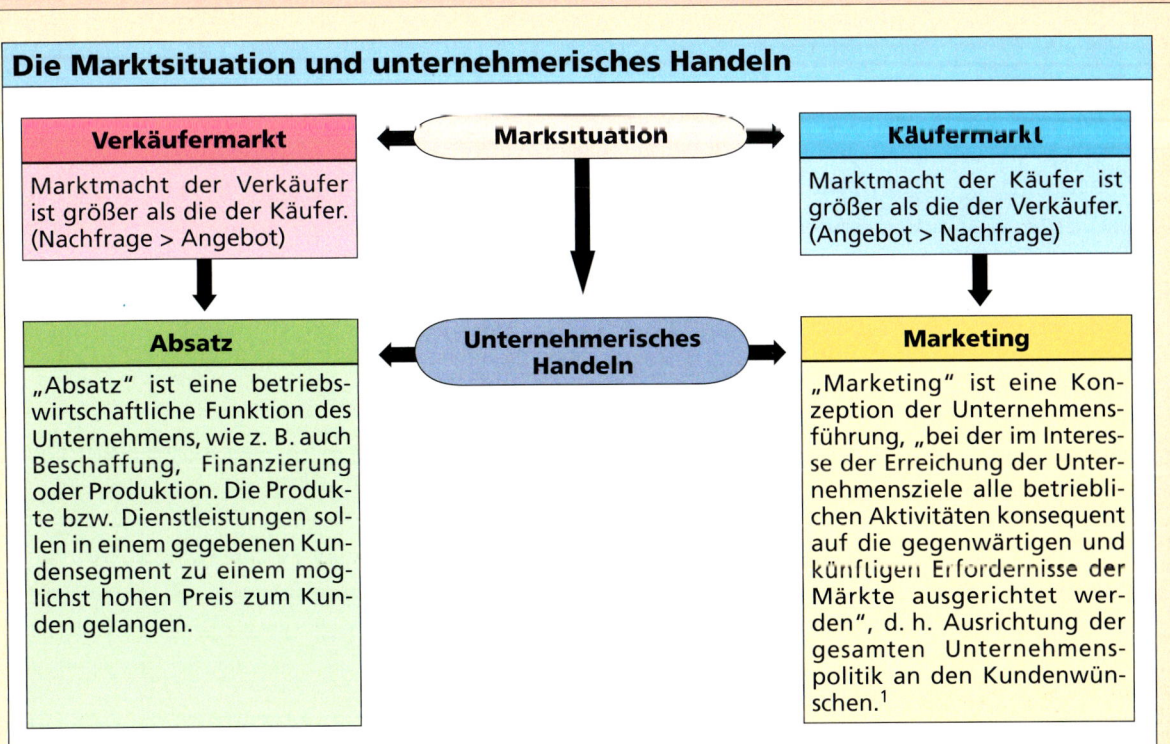

Die absatzpolitischen Instrumente dürfen nicht isoliert voneinander eingesetzt werden, sie müssen aufeinander abgestimmt sein, um oberste Unternehmens- bzw. Marketingziele zu verfolgen.

Der sogenannte **Marketingmix** ist eine möglichst optimale Kombination des Mitteleinsatzes, d. h. eine „zielgerichtete Auswahl und qualitative, quantitative sowie zeitliche Kombination der absatzpolitischen Instrumente".[2] Der qualitative Aspekt des Marketingmix betrifft die Art der einzelnen Instrumente, der quantitative Aspekt bezieht sich auf das Gewicht der einzelnen Instrumente innerhalb des Marketingmix und der zeitliche Aspekt beinhaltet Dauer und Abfolge des Einsatzes der einzelnen Instrumente.[3] Der Marketingmix ist eingebettet in die vom Unternehmen festgelegten **Marketingstrategien,** also in unternehmenspolitische Richtlinien, die einen Handlungsrahmen für den Einsatz der absatzpolitischen Instrumente vorgeben.[4]

Marketingmix			
Produkt- und Sortimentspolitik	Preis- und Konditionenpolitik	Kommunikations- politik	Distributions- politik

---

1   vgl. Bidlingmaier, J., Marketing, Reinbek 1983, S. 15   4   vgl. Hüttner, a. a. O., S. 81
2   vgl. Hüttner, a. a. O., S. 278
3   vgl. Knoblich, a. a. O., S. 300 f.

Um eine Optimierung bei dem Einsatz der absatzpolitischen Instrumente im Rahmen des Marketingmix zu erreichen, müssen die unterschiedlichen Beziehungen beachtet werden, die prinzipiell zwischen diesen Instrumenten bestehen können:

1. **konkurrierende Beziehungen,** d. h., zwei Instrumente stören sich in ihrer Wirkung (z. B. stehen Premiumpreise[1] im Widerspruch zum Vertrieb über Absatzkanäle, die untere Einkommensschichten ansprechen);
2. **substitutive Beziehungen,** d. h., zwei Instrumente sind austauschbar in Bezug auf eine bestimmte Wirkung (z. B. lassen sich durch den Vertrieb über den Fachhandel in gewissen Grenzen unternehmenseigene Beratungsleistungen – „begleitende" Servicepolitik – ersetzen);
3. **komplementäre Beziehungen,** d. h., zwei Instrumente stützen sich in ihrer Wirkung (z. B. wird das Image hoher Qualität, das durch entsprechende Werbung erzeugt werden soll, durch eine aufwendige Verpackung unterstützt);
4. **konditionale Beziehungen,** d. h., der Einsatz des einen setzt den Einsatz des anderen voraus (z. B. setzt die Präsentation der Produktverpackung im Rahmen der Werbung deren Gestaltung voraus);
5. **indifferente Beziehungen,** d. h., es bestehen keine erkennbaren gegenseitigen Beeinflussungen zwischen zwei Instrumenten (z. B. Werbung und Marketing-Logistik).[2]

Frau Dr. Westphal berichtet den Anwesenden der Abteilungsleiterkonferenz Marketing, dass der Vorstand am 30. August auf seiner Sitzung das Innovationskonzept für die Produktgruppe 3 gebilligt habe.

Sie berichtet weiterhin, dass die Hauptabteilungen Konstruktion und Entwicklung, Beschaffung und Fertigung auf Anregung von Herrn Dr. Knies ein Team gebildet hätten, dass die Entwicklung der neuen Geschirrspülergeneration ermögliche. Man rechne damit, dass die Entwicklungsarbeiten in zehn Monaten abgeschlossen seien.

Der Vorstand habe außerdem beschlossen, dass in den nächsten Monaten von der Hauptabteilung Absatz ein Innovationskonzept für die Produktgruppen 1 (Waschvollautomaten) und 2 (Wäschetrockner) entwickelt werden sollte. Frau Dr. Westphal erteilt auf der Abteilungsleiterkonferenz die dazu notwendigen Arbeitsaufträge.

 Aufgabe 48:

Begründen Sie anhand von Beispielen, warum beim Marketingmix der Einsatz der absatzpolitischen Instrumente aufeinander abgestimmt sein sollte.

....

....

....

....

....

....

1   Hochpreise
2   vgl. Hüttner, a. a. O., S. 281

Aufgabe 49:

Überprüfen Sie die von Ihnen erarbeiteten Grundzüge zur Preis- und Konditionen-, Kommunikations- und Distributionspolitik für die neuen Geschirrspüler der POLAR AG, inwieweit sie im Hinblick auf einen möglichst optimalen Marketingmix abgestimmt sind. Präsentieren Sie das Ergebnis anschließend der gesamten Klasse.

Aufgabe 50:

Welche Schritte sind von der Hauptabteilung Marketing zu unternehmen, um für die Produktgruppe Waschvollautomaten und Wäschetrockner ein Innovationskonzept zu entwickeln? Erstellen Sie diese Übersicht in Form eines Ablaufdiagramms.

10 Sept.

Frau Dr. Westphal möchte in Abstimmung mit Herrn Dr. Knies bereits für die kommende Hauptabteilungsleiterkonferenz ein Grundkonzept für ein internationales Marketing im Hinblick auf die neue Geschirrspülergeneration entwickeln. Der Vorstand empfahl dieses Vorgehen auf seiner letzten Sitzung am 30. August.

Zu diesem Zweck bittet Frau Dr. Westphal Herrn Agnelli, der den Marktforschungsauftrag an das französische Marktforschungsunternehmen Dubois vergab, und Herrn Peterßen von der Stabsstelle Unternehmensplanung, ihr bei dieser Planungsarbeit zu helfen.

Internationales Marketing

Unter internationalem Marketing versteht man Marketingaktivitäten eines Unternehmens, das nennenswerte Umsätze im Auslandsgeschäft tätigt. Dabei müssen exportorientierte Unternehmen, die im Inland produzieren, aber einen wichtigen Teil ihres Umsatzes im Ausland erzielen, von multinationalen Unternehmen unterschieden werden, die in mehreren Ländern produzieren, ein- und verkaufen. Je stärker die Integration in internationale Märkte erfolgt, umso größer ist die Komplexität von Marketingentscheidungen. Internationales Marketing muss die besonderen Risiken auf Auslandsmärkten berücksichtigen – sowohl wirtschaftliche (z. B. Wechselkursrisiko) als auch politische (z. B. Einfluss des Staates auf die Wirtschaftpolitik).

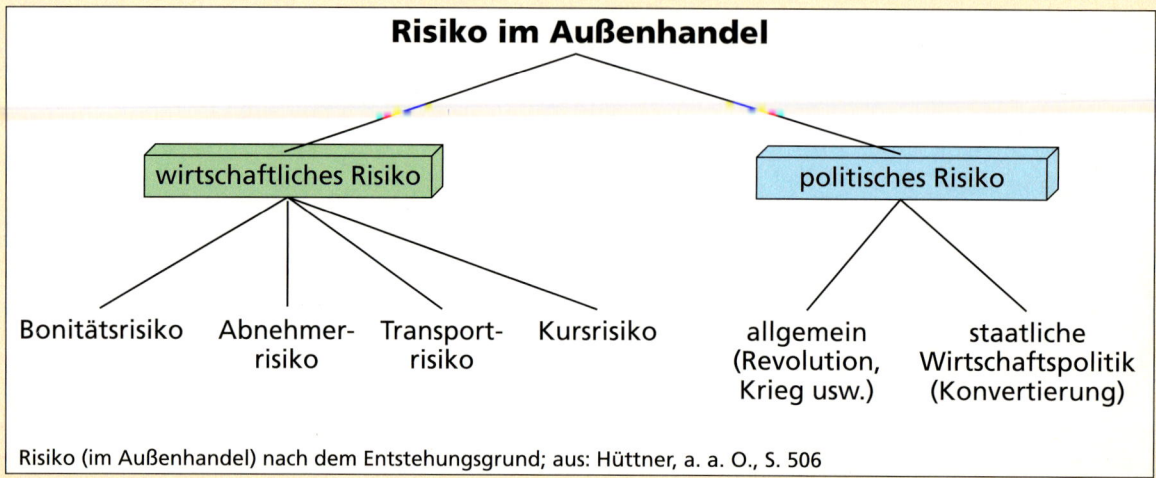

Risiko (im Außenhandel) nach dem Entstehungsgrund; aus: Hüttner, a. a. O., S. 506

Bevor die absatzpolitischen Instrumente zielgerichtet auf Auslandsmärkten eingesetzt werden können, muss die Strategie des internationalen Marketings festgelegt werden. Mindestens die folgenden internationalen Marketingstrategien können unterschieden werden:

- Erschließung ausgesuchter Auslandsmärkte (z. B. Nachbarländer, Wirtschaftsregionen, Kontinente)

- reine Wachstumsstrategie, unabhängig von Eingrenzungen auf bestimmte Auslandsmärkte (z. B. Umsatzmaximierung)

- Erschließung ausgesuchter Marktsegmente in internationalen Märkten (z. B. Bearbeitung nur des oberen Preissegments in verschiedenen Ländern)

Bei der Umsetzung dieser Strategien ist weiterhin zu fragen, ob das Produktionsprogramm standardisiert, d. h. international einheitlich angeboten werden soll (Globales Marketing), oder ob die Produkte und die Marktbearbeitungsmethoden nach nationalen Märkten differenziert werden sollen (z. B. unterschiedliche Pkw-Modelle eines Automobilunternehmens in den jeweiligen nationalen Märkten).[1]

---

1 vgl. Hüttner, a. a. O., S. 491 ff., und Hill, W., u. Rieser, I., Marketing-Management; Bern, Stuttgart, Wien 1993

Aufgabe 51:

Entwickeln Sie in Gruppenarbeit eine internationale Marketingstrategie der POLAR AG im Hinblick auf die neue Geschirrspülergeneration. Überlegen Sie in diesem Zusammenhang auch, ob eine Standardisierung oder eher eine Differenzierung des Produktionsprogramms und der Marktbearbeitungsmethoden verfolgt werden soll.

Aufgabe 52:

Welche Schritte müssen von der POLAR AG im Rahmen des internationalen Marketings als Nächstes unternommen werden, nachdem für die neue Geschirrspülergeneration die internationale Marketingstrategie festgelegt wurde? Beschreiben Sie die einzelnen Schritte kurz und präsentieren Sie anschließend Ihre Arbeitsergebnisse der gesamten Klasse.

Herr Zimmermann von der Stabsstelle Organisation und Herr Peterßen von der Stabsstelle Unternehmensplanung erhielten von Herrn Dr. Knies im Auftrag des gesamten Vorstandes den Auftrag, für die Vorstandssitzung am 30. Oktober einen Entwurf für die Abänderung des bisherigen organisatorischen Aufbaus der POLAR AG zu entwickeln.

Zu diesem Zweck führen Herr Zimmermann und Herr Peterßen heute ein erstes Gespräch, um zunächst Ideen für eine neue Organisationsstruktur der POLAR AG zu sammeln.

Herr Zimmermann:	Die neue Organisationsstruktur sollte so beschaffen sein, dass nicht absatzwirtschaftliche Funktionsträger rasch mit den Erfordernissen des Marktes konfrontiert werden. Eine bereichsübergreifende Zusammenarbeit sollte im Hinblick auf die Produktgruppen gut möglich sein.
Herr Peterßen:	Ich frage mich, ob wir die Produktgruppen nicht neu definieren sollten, um die Kundenwünsche, den Produktnutzen für die Kunden stärker zu betonen. Ich denke da an die Schaffung von den Gerätebereichen „Waschen und Trocknen", „Spülen" und „Kühlen und Gefrieren".
Herr Zimmermann:	Auch für internationale Marketingaktivitäten müsste ein eigener organisatorischer Bereich geschaffen werden.
Herr Peterßen:	Die Unternehmenshierarchie sollte bei allen Veränderungen möglichst klein sein, damit Entscheidungen schnell getroffen werden können und somit rasch auf Marktveränderungen reagiert werden kann. Wie heißt es so schön: möglichst schlank sollte das Unternehmen sein.

Aufgabe 53:

Entwickeln Sie in Gruppenarbeit Vorschläge für eine neue Organisationsstruktur der POLAR AG. Setzen Sie diese neue Struktur in einem Organigramm um, das Sie der Klasse anschließend präsentieren.

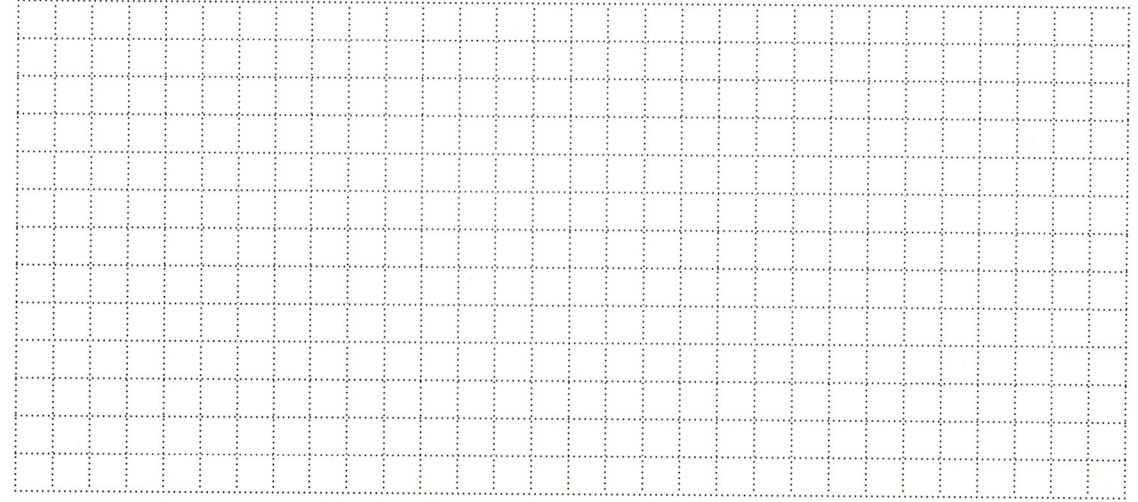

15
Okt.

Bei der Planung und Durchführung der verschiedenen absatzpolitischen Maßnahmen müssen auch rechtliche Aspekte berücksichtigt werden.

Frau Dr. Westphal erteilt den Auftrag, die bisher erarbeitete Marketingkonzeption für die neue Geschirrspülergeneration im Hinblick auf die rechtliche Situation überprüfen zu lassen. Bevor das Konzept an die Rechtsabteilung weitergeleitet wird, sollen zwei Auszubildende der Abteilung Marketing sich damit vertraut machen, um einen Einblick in rechtliche Aspekte des Marketings zu erhalten.

Frau Kleinfeld und Herr Dorka haben im August mit der Ausbildung begonnen, Frau Kleinfeld als Industriekauffrau und Herr Dorka als Bürokaufmann. Sie können die für Ausbildungszwecke zur Verfügung stehende Informationsmappe benutzen, in der wesentliche rechtliche Aspekte bezüglich Marketing zusammengestellt sind. Für weitergehende Informationen müssen zusätzlich die jeweiligen Gesetze herangezogen werden.

POLAR AG

Informationsmappe der Abteilung: **Marketing**

1 Übersicht über relevante Rechtsnormen für den Absatz

Marketingrelevante Rechtsnormen
(Auszug)

Wettbewerbsrecht

- nationale Rechtsnormen, insbesondere
  - Gesetz gegen Wettbewerbsbeschränkungen (GWB)
  - Gesetz gegen den unlauteren Wettbewerb (UWG)
  - Preisangabenverordnung (PAngV)
  - Ladenschlussgesetz (LadSchlG)
  - Urheberrechtsgesetz (UrhG)
  - Patentgesetz (PatG)
  - Gebrauchsmustergesetz (GebrMG)
  - Markengesetz (MarkenG)

- EU-Recht
  - Produkthaftungsgesetz (ProdHaftG)

Sonstige Rechtsnormen

- Grundlegende Gesetze und Verordnungen, insbesondere
  - Grundgesetz (GG)
  - Bürgerliches Gesetzbuch (BGB)
  - Handelsgesetzbuch (HGB)
  - Strafgesetzbuch (StGB)
  - Bundesdatenschutzgesetz (BDSG)

1

Aufgabe 54:

Welches Ziel verfolgen Ihrer Meinung nach nationale Rechtsnormen des Wettbewerbsrechts? Begründen Sie Ihre Ansicht unter Umständen mit einer ersten Sichtung ausgewählter Gesetzestexte.

....

....

....

---

1 vgl. Hüttner, a. a. O., S. 353

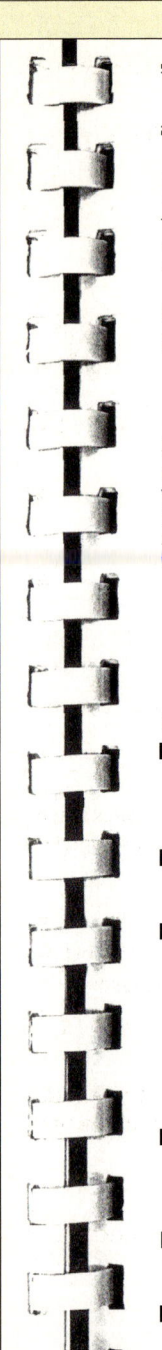

POLAR AG

Informationsmappe der Abteilung: **Marketing**

2 Rechtliche Rahmenbedingungen der Werbung

Grundsätzlich darf jeder in der Marktwirtschaft seine Waren und Dienstleistungen mithilfe der Werbung anpreisen. Die Grenzen zeigt das Gesetz gegen den unlauteren Wettbewerb (UWG) auf:

Gesetz gegen den unlauteren Wettbewerb (UWG)

§ 1 [Zweck des Gesetzes]
Dieses Gesetz dient dem Schutz der Mitbewerber, der Verbraucherinnen und der Verbraucher sowie der sonstigen Marktteilnehmer vor unlauterem Wettbewerb. Es schützt zugleich das Interesse der Allgemeinheit an einem unverfälschten Wettbewerb.

§ 3 [Verbot unlauteren Wettbewerbs]
Unlautere Wettbewerbshandlungen, die geeignet sind, den Wettbewerb zum Nachteil der Mitbewerber, der Verbraucher oder der sonstigen Marktteilnehmer nicht nur unerheblich zu beeinträchtigen, sind unzulässig.

Grundsätzlich verbietet das UWG (vgl. § 4–7):

↳ **Unlautere vergleichende Werbung:**
Allerdings lässt § 6 des UWG vergleichende Werbung unter bestimmten Bedingungen zu, so zum Beispiel, wenn sie nicht irreführend, herabsetzend oder verunglimpfend ist.

↳ **Persönliche Werbung:** Eingehen auf persönliche Verhältnisse eines Mitbewerbers (Konfession, politische Aktivitäten, Familienverhältnisse)

↳ **Alleinstellungswerbung:** Produktbezogene generelle Superlativwerbung („beste ... der Welt")

Erlaubt ist diese Art der Werbung nur, wenn der Nachweis objektiver Richtigkeit erbracht werden kann, z. B. Fortschrittsvergleich bei technischer Neuheit („Einziges Gerät mit ... auf dem Markt") oder Systemvergleich (Deutsche Bundesbahn: „Alle reden vom Wetter – wir nicht!").

↳ **Irreführende Werbung:** Werbeaussagen müssen grundsätzlich der Wahrheit entsprechen und dürfen keine irreführenden Angaben enthalten („bio-natürliches Solarium").

↳ **Telefon-/Telefax-/ E-Mail-Werbung:** Vom Umworbenen nicht ausdrücklich erwünschte Anrufe/E-Mails oder Telefaxe sind unzulässig.

↳ **Straßenwerbung:** Das persönliche Ansprechen zu Werbezwecken ist nicht erlaubt. Zulässig ist das bloße Verteilen von Werbezetteln an Passanten.[1]

Aufgabe 55:

Überprüfen Sie die im Rahmen der Kommunikationspolitik von Ihnen erarbeiteten Werbeaussagen, ob sie rechtlich unangreifbar sind. Verwenden Sie die Informationsmappe und das UWG. Erkundigen Sie sich bei der zuständigen IHK nach Informationsbroschüren zum Thema Werbung.

....

....

....

....

---

1   vgl. Hüttner, a. a. O., S. 365; IHK, Ratschläge für den Kaufmann; Miele Informationsbroschüre

POLAR AG

Informationsmappe der Abteilung: **Marketing**

3 Rechtliche Rahmenbedingungen der Preispolitik

↳ **Preiskartell:** Preiskartell bedeutet, dass Unternehmen ihre preispolitische Eigenständigkeit aufgeben und Absprachen mit Konkurrenten treffen (horizontale Wettbewerbsbeschränkung). Sowohl die horizontale Wettbewerbsbeschränkung ist verboten als auch die vertikale Preisbindung (Absprachen mit vor- oder nachgelagerten Wirtschaftsstufen). Das Gesetz gegen Wettbewerbsbeschränkungen (GWB) verbietet prinzipiell Preiskartelle und sonstiges wettbewerbsbeschränkendes Verhalten.

Gesetz gegen Wettbewerbsbeschränkungen (GWB)

§ 1 Verbot wettbewerbsbeschränkender Vereinbarungen

Vereinbarungen zwischen Unternehmen, Beschlüsse von Unternehmensvereinigungen und aufeinander abgestimmte Verhaltensweisen, die eine Verhinderung, Einschränkung oder Verfälschung des Wettbewerbs bezwecken oder bewirken, sind verboten.

↳ **Preishöhe:** Die Preishöhe darf nicht „unlauter" sein. Grundsätzlich ist ein überhöhter (wucherischer) Preis und ein zu niedriger Preis (Preisunterbietung) verboten.

↳ **Preisauszeichnung:** Die Preisangabenverordnung schreibt vor, dass die Waren mit deutlich sichtbaren Preisen versehen sein müssen, sofern sie Endverbrauchern angeboten werden.

↳ **Preisempfehlung:** Preisempfehlungen der Hersteller sind grundsätzlich erlaubt; üblich sind die Formulierungen „unverbindliche Preisempfehlung" oder „unverbindlich empfohlene Preise", auch die Abkürzung „UVP" ist zulässig.[1]

↳ **Preisgegenüberstellung:** Preisgegenüberstellungen von neuem und altem Preis sind erlaubt, sofern sie der Wahrheit entsprechen. Vergleiche mit „Mondpreisen" (unrealistisch hohe Vergleichspreise) sind verboten.

↳ **Lockvogelangebote:** Lockvogelangebote (extrem günstige Preisgestaltung bei einer Ware) sind nicht erlaubt, wenn sie zu einer Irreführung über die Preisbemessung oder die Vorratsmenge führen können.[2]

↳ **Zugaben:** Zugaben sind grundsätzlich unzulässig. Ausnahmen sind: geringwertige Kleinigkeiten, Werbegegenstände von geringem Wert, handelsübliche Zugaben u. Ä.[3]

Aufgabe 56:

Überprüfen Sie die von Ihnen geplanten preispolitischen Maßnahmen der POLAR AG hinsichtlich der rechtlichen Vorschriften.

....

....

....

....

---

1 vgl. Emmerich, V., Das Recht des unlauteren Wettbewerbs, 8. Aufl., München 2009, S. 246/247
2 vgl. Berlit, W., Wettbewerbsrecht, 6., neu bearb. Aufl., München 2009, S. 24/25 und S. 284
3 vgl. IHK, Wie werbe ich richtig?, Hannover 1992, S. 47

Informationsmappe der Abteilung: **Marketing**

4 Marken- und Musterschutz

Eine Marke (Zeichen) kann in Deutschland durch die Eintragung in das beim *Deutschen Patentamt* (München) geführte Register geschützt werden. Das Zeichen (z. B. Wort- oder Bildzeichen) dient dazu, das eigene Produkt von anderen zu unterscheiden.

Den Schutz vor Nachahmung von neuen technischen Leistungen (Marken- und Produktpiraterie) durch Eintragung in die Gebrauchsmusterrolle bieten das *Patent- und Gebrauchsmusterrecht*. Weiterhin kann durch Eintragung in das *Musterregister* beim *Deutschen Patentamt* der Hersteller das *Geschmacksmuster* (z. B. Modelle, Formen, Farbgebung) schützen lassen.

Das Übereinkommen über Erteilung europäischer Patente (EPÜ) bietet die Möglichkeit, ein europäisches Patent zu erlangen. Europäische Patente können beim Europäischen Patentamt in München, bei der Zweigstelle in Den Haag oder bei der Dienststelle in Berlin beantragt werden.[1]

Aufgabe 57:

Prüfen Sie, welche rechtlichen Schritte im Bereich des Marken- und Musterschutzes von der POLAR AG für die neue Geschirrspülergeneration eventuell unternommen werden müssen. Falls erforderlich, ermitteln Sie die Adresse und/oder die Telefonnummer des Patentamtes in München, um weitere Informationen über den Marken- und Musterschutz anzufordern.

....

....

....

....

Informationsmappe der Abteilung: **Marketing**

5 Verpackungsgestaltung

Pflichten der Hersteller und Vertreiber laut Verpackungsverordnung[2]

Verpackungsart	Transport-verpackungen	Umverpackungen	Verkaufs-verpackungen
Begriff	dienen zum Transport und Schutz der Waren auf dem Weg vom Hersteller/Lieferanten zum Handel	dienen als zusätzliche Verpackung zur Verkaufsverpackung der Selbstbedienung, Diebstahlsicherung oder Werbung	dienen dem Endverbraucher zum Transport der Waren oder zur Aufbewahrung bis zum Verbrauch
Beispiele	Paletten, Versandverpackungen	Schachtel um Dose	Dose, Beutel
Pflichten für Hersteller/ Vertreiber	– Rücknahme von Handel und – für Wiederverwendung oder stoffliche Verwertung sorgen	Vertreiber sind verpflichtet, anfallende Umverpackung bei der Abgabe an den Endverbraucher zu entfernen oder die Möglichkeit der Rückgabe zu schaffen	– Rücknahme von Handel und – für Wiederverwendung oder stoffliche Verwertung sorgen
Inkrafttreten der Pflichten	01.12.1991	01.04.1992	01.01.1993

1   vgl. Hüttner, a. a. O., S. 378 f.
2   ebenda, S. 358

POLAR AG

Informationsmappe der Abteilung: **Marketing**

6 Produkthaftung

Grundsätzlich haftet in Deutschland der Verkäufer gegenüber dem Kunden im Rahmen der gesetzlichen Gewährleistung (Haftpflichtrecht: siehe BGB § 438). Vertraglich können andere Vereinbarungen getroffen werden.

Die EU-Produkthaftung beinhaltet eine verschuldensunabhängige Produkthaftung des Herstellers.[1]

Gesetz über die Haftung für fehlerhafte Produkte (Produkthaftungsgesetz – ProdHaftG)

§ 1 [Haftung]

(1) Wird durch den Fehler eines Produkts jemand getötet, sein Körper oder seine Gesundheit verletzt oder eine Sache beschädigt, so ist der Hersteller des Produkts verpflichtet, dem Geschädigten den daraus entstehenden Schaden zu ersetzen. Im Falle der Sachbeschädigung gilt dies nur, wenn eine andere Sache als das fehlerhafte Produkt beschädigt wird und diese andere Sache ihrer Art nach gewöhnlich für den privaten Ge- oder Verbrauch bestimmt und hierzu von dem Geschädigten hauptsächlich verwendet worden ist.

(2) Die Ersatzpflicht des Herstellers ist ausgeschlossen, wenn

1. er das Produkt nicht in den Verkehr gebracht hat,

2. nach den Umständen davon auszugehen ist, dass das Produkt den Fehler, der den Schaden verursacht hat, noch nicht hatte, als der Hersteller es in den Verkehr brachte. […]

§ 2 [Produkt]

Produkt im Sinne dieses Gesetzes ist jede bewegliche Sache, auch wenn sie einen Teil einer anderen beweglichen Sache oder einer unbeweglichen Sache bildet, sowie Elektrizität.

§ 3 [Fehler]

(1) Ein Produkt hat einen Fehler, wenn es nicht die Sicherheit bietet, die unter Berücksichtigung aller Umstände, insbesondere

a) seiner Darbietung,

b) des Gebrauchs, mit dem billigerweise gerechnet werden kann,

c) des Zeitpunkts, in dem es in den Verkehr gebracht wurde,

berechtigterweise erwartet werden kann.

(2) Ein Produkt hat nicht allein deshalb einen Fehler, weil später ein verbessertes Produkt in den Verkehr gebracht wurde.

§ 4 [Hersteller]

(1) Hersteller im Sinne dieses Gesetzes ist, wer das Endprodukt, einen Grundstoff oder ein Teilprodukt hergestellt hat. Als Hersteller gilt auch jeder, der sich durch das Anbringen seines Namens, seines Warenzeichens oder eines anderen unterscheidungskräftigen Kennzeichens als Hersteller ausgibt. […]

§ 5 [Mehrere Ersatzpflichtige]

Sind für denselben Schaden mehrere Hersteller nebeneinander zum Schadensersatz verpflichtet, so haften sie als Gesamtschuldner. […]

§ 6 [Haftungsminderung]

(1) Hat bei der Entstehung des Schadens ein Verschulden des Geschädigten mitgewirkt, so gilt § 254 des Bürgerlichen Gesetzbuchs. […]

§ 10 [Haftungshöchstbetrag]

(1) Sind Personenschäden durch ein Produkt oder gleiche Produkte mit demselben Fehler verursacht worden, so haftet der Ersatzpflichtige nur bis zu einem Höchstbetrag von 85 Millionen Euro. […]

§ 11 [Selbstbeteiligung bei Sachbeschädigung]

Im Falle der Sachbeschädigung hat der Geschädigte einen Schaden bis zu einer Höhe von 500 Euro selbst zu tragen.

§ 12 [Verjährung]

(1) Der Anspruch nach § 1 verjährt in drei Jahren von dem Zeitpunkt an, in dem der Ersatzberechtigte von dem Schaden, dem Fehler und von der Person des Ersatzpflichtigen Kenntnis erlangt hat oder hätte erlangen müssen. […]

(3) Im Übrigen sind die Vorschriften des Bürgerlichen Gesetzbuches über die Verjährung anzuwenden. […]

§ 19 [Inkrafttreten]

Dieses Gesetz tritt am 1. Januar 1990 in Kraft.[2]

(letzte Änderung vom 19. Juli 2002)

---

1 vgl. Kullmann, H. J., Produkthaftungsgesetz, Kommentar, 5., neu bearb. Aufl., Berlin 2006, S. 205

2 vgl. Kullmann, a. a. O., S. 13–18

Aufgabe 58:

Überprüfen Sie, welche Verpackungsvorschriften (s. S. 76) von der POLAR AG beim Vertrieb der neuen Geschirrspüler berücksichtigt werden müssen.

....

....

....

....

....

....

POLAR AG

Informationsmappe der Abteilung: **Marketing**

7   Definition der verschuldensunabhängigen Produkthaftung

a)   Was bedeutet Produkthaftung?

Produkthaftung im Sinne des neuen Gesetzes heißt Einstehenmüssen für Folgeschäden eines fehlerhaften Produkts. Der Fehler eines Produkts muss einen Schaden an Personen oder Sachen verursacht haben, für den der Hersteller des Produkts haftet, also Schadensersatz leisten muss. Es geht dabei nicht um die Behebung von Mängeln an der Sache selbst, weil sie nicht funktionstüchtig, nicht vertragsmäßig ist; diese Mängel werden über die BGB-Vorschriften der Gewährleistung oder Vertragshaftung ersetzt. Es geht vielmehr um eine außervertragliche Haftung des Herstellers eines Produkts gegenüber jedermann, der das Produkt gebraucht und dabei einen Schaden erleidet. Vertragsbeziehungen brauchen zwischen Schädiger und Geschädigtem nicht zu bestehen!

Beispiel: Der neue fehlerhafte Ölofen des Verbrauchers explodiert aufgrund eines Produktfehlers und verletzt den zufällig anwesenden Besucher und die Wohnungseinrichtung des Verbrauchers. Der Hersteller des Ölofens haftet für diese Drittschäden, obwohl er weder zu dem Verbraucher (der hat den Ofen beim Händler gekauft) noch zu dem Besucher in Vertragsbeziehung steht. Den Ersatz für den defekten Ölofen muss der Käufer versuchen über die Vertragshaftung ersetzt zu bekommen; dazu bietet das PHG keine Anspruchsgrundlage.

b)   Was bedeutet verschuldensunabhängig?

Der Endhersteller und alle anderen Personen, die im neuen Produkthaftungsgesetz wie Hersteller behandelt werden, können sich nicht mehr dadurch von ihrer Haftung entlasten, dass sie nachweisen, bei der Wareneingangskontrolle, den Bearbeitungsvorgängen und der Endkontrolle alle zumutbaren Sicherungsmaßnahmen zur Verhinderung von Fehlern ergriffen zu haben. Wurden trotz derart intensiver Sicherungsmaßnahmen fehlerhafte Produkte (sog. Ausreißer) produziert, brauchte die Hersteller nach der Verschuldenshaftung dafür keinen Schadensersatz zu leisten. Dies ist nunmehr nicht mehr möglich. Hersteller und Zulieferer haften auch für Ausreißer.

Keine europaweite Rechtsvereinheitlichung

Leider bringt das neue Recht keine europaweite Vereinheitlichung des Produkthaftungsrechts insgesamt. Das neue Recht tritt nämlich nicht anstelle der jeweils in den einzelnen Mitgliedstaaten bestehenden Produkthaftung, sondern gewährt dem Geschädigten einen weiteren, zusätzlichen Anspruch. Die bisher bestehenden Anspruchsgrundlagen in den einzelnen Mitgliedstaaten bleiben ohne Einschränkungen erhalten, sodass in der Bundesrepublik jeder Anspruchsteller „zweispurig" gegen Produkthersteller vorgehen kann und, wenn er mehrere unterschiedliche Ansprüche geltend machen möchte (z. B. Schmerzensgeld, gewerbliche Sachschäden und Körperschäden), in dieser Weise vorgehen muss.[1]

---

1   DIHT, Haftung für Produkte, Bonn 1990, S. 15–18

Aufgabe 59:

Das ProdHaftG bringt sowohl für die Hersteller als auch für die Kunden Neuerungen.

a) Ermitteln Sie, was in diesem Zusammenhang von der POLAR AG bei der geplanten Produktinnovation zu beachten ist.

....

....

....

....

....

....

b) Die Gebrauchsanweisung für den neuen Geschirrspüler enthält auch Informationen über die Haftung im Rahmen des Produkthaftungsgesetzes. Entwerfen Sie einen Kurzartikel für die Gebrauchsanweisung, der die wichtigsten Informationen in diesem Zusammenhang enthält. Präsentieren Sie Ihr Ergebnis der gesamten Klasse in geeigneter Form.

....

....

....

....

....

....

....

....

....

....

Aufgaben zur Festigung und Vertiefung

I. Markterkundung

Wählen Sie für eine Markterkundung ein Produkt aus dem Sortiment Ihres Unternehmens aus.

a) Verwenden Sie interne und externe Informationsquellen, um sich einen Überblick über die Marktsituation zu verschaffen. Nutzen Sie auch die modernen Medien (z. B. Internet).

b) Werten Sie die ermittelten Daten aus und erstellen Sie, sofern dies möglich ist, eine Marktprognose.

II. Marktforschung

1. Wann wird ein Unternehmen im Rahmen der Marktforschung die Primär-, wann die Sekundärforschung anwenden?

2. Bilden Sie Arbeitsgruppen und wählen Sie je Gruppe ein bestimmtes Produkt (oder eine Dienstleistung), zu dem Marktforschung betrieben werden soll.

a) Erstellen Sie je Gruppe einen Fragebogen.

b) Führen Sie die Befragung durch (in Ihrer Klasse, in der Schule, auf der Straße).

c) Werten Sie die Befragung aus.

d) Präsentieren und vergleichen Sie Ihre Ergebnisse.

e) Tauschen Sie bei einem Unterrichtsgespräch Ihre Erfahrungen aus und besprechen Sie auch, welche Schwierigkeiten sich ergeben haben.

III. Produkt- und Sortimentspolitik

1. Führen Sie mit dem/der zuständigen Abteilungsleiter/-in in Ihrem Ausbildungsbetrieb ein Gespräch über frühere Entscheidungen, die zu einer

a) Produktdifferenzierung,

b) Produktdiversifikation und/oder

c) Produktelimination geführt haben.

Halten Sie jeweils mindestens zwei Gründe schriftlich fest. Präsentieren Sie Ihr Ergebnis der Klasse und stellen Sie durch Vergleich Gemeinsamkeiten und Unterschiede heraus.

2. Führen Sie arbeitsteilig zu einer Markenware Ihrer Wahl (z. B. Süßwaren-, Kosmetik-, Automobilbranche) ein Interview mit Konsumenten durch, um deren Erfahrungen mit dem Markenartikel oder dessen Wertschätzung festzustellen. Entwickeln Sie in den Arbeitsgruppen einen entsprechenden Fragebogen.

3. Versuchen Sie, Ihnen bekannte Produkte den einzelnen Produktlebenszyklusphasen zuzuordnen.

4. Entwerfen Sie zu einem Produkt Ihrer Wahl eine produktbegleitende Servicepolitik.

IV. Preis- und Konditionenpolitik

1. Begründen Sie, warum ein Unternehmen sich bei der Preisfindung nicht nur an den Kosten orientieren kann.

2. Berechnen Sie aufgrund der folgenden Angaben den Listenverkaufspreis:

Fertigungsmaterial	600,00 GE
Materialgemeinkosten	6 %
Fertigungslöhne	350,00 GE
Fertigungsgemeinkosten	110 %
Sondereinzelkosten der Fertigung	26,00 GE
Verwaltungsgemeinkosten	15 %
Vertriebsgemeinkosten	11 %
Sondereinzelkosten des Vertriebs	65,50 GE
Gewinnzuschlag	13 %
Kundenskonto	3 %
Vertreterprovision	3 %
Kundenrabatt	4 %

3. Erklären Sie, warum man bei der Preispolitik lang- und kurzfristige Preisuntergrenzen unterscheidet.

4. Erkunden Sie, welche Strategien der Preis- und Konditionenpolitik in Ihrem Unternehmen angewandt werden. Präsentieren Sie anschließend die Ergebnisse der Klasse.

5. Stellen Sie Gründe für die deutliche Zunahme von Leasingverträgen zusammen.

V. Kommunikationspolitik

1. Wählen Sie in Arbeitsgruppen aus Zeitungen und Zeitschriften Ihnen interessant erscheinende Werbeanzeigen aus und versuchen Sie, Werbeziel, Werbezielgruppen und Werbebotschaft des Werbenden zu bestimmen.

Präsentieren Sie anschließend Ihre Arbeitsergebnisse der gesamten Klasse.

2. Entwerfen Sie in Gruppenarbeit ein Werbeplakat oder eine Werbeanzeige für ein Produkt (oder eine Dienstleistung) Ihrer Wahl.

Bewerten Sie anhand vorher festgelegter Kriterien anschließend die Werbemittel.

3. Erkundigen Sie sich, wie hoch die Werbekosten für bestimmte Werbemittel bei bestimmten Werbeträgern (z. B. Preis einer Werbeanzeige in einer regionalen Tageszeitung) sind, und stellen Sie Ihre Ergebnisse in einer Übersicht (z. B. Tabelle oder Grafik) zusammen.

4. Führen Sie in einem größeren werbetreibenden Unternehmen oder in einer Werbeagentur eine Expertenbefragung durch, welcher Werbeetat für eine

Werbekampagne zur Verfügung steht und wie die Werbeerfolgskontrolle jeweils durchgeführt wird.

5. Führen Sie in ausgewählten Einzelhandelsgeschäften in Kleingruppen eine Erkundung durch, welche Formen der Salespromotion für den Endverbraucher erkennbar dort durchgeführt werden.

6. Sammeln Sie Beispiele für PR- und Sponsoring-Aktivitäten und vergleichen Sie diese hinsichtlich ihrer Wirkung.

7. Analysieren Sie arbeitsteilig das Fernsehprogramm verschiedener Fernsehsender im Hinblick auf Formen des Product-Placements. Stellen Sie Ihre Untersuchungsergebnisse anschließend der gesamten Klasse vor.

VI. Distributionspolitik

1. Erkundigen Sie sich in Ihrem Unternehmen,

a) welche Absatzwege,

b) welche Absatzmittler und

c) welche Vertriebssysteme für die Verteilung der Produkte ausgewählt werden.

2. Sammeln Sie entsprechende Zeitungsartikel zu auftretenden Zielkonflikten zwischen Hersteller und Handelsbetrieben. Berichten Sie der Klasse, welche Problemlösungen angestrebt wurden.

3. Erarbeiten Sie Vor- und Nachteile der unterschiedlichen Formen des vertraglichen Vertriebssystems.

4. Interviewen Sie den zuständigen Mitarbeiter/die zuständige Mitarbeiterin in Ihrem Ausbildungsbetrieb, welche Entscheidungskriterien für die Auswahl eines Transportmittels im Vordergrund stehen. Stellen Sie im Plenum mindestens drei Kriterien vor und diskutieren Sie Verbesserungsvorschläge für umweltverträglichere Transportmöglichkeiten.

VII. Marketingmix

1. Erkunden Sie bei von Ihnen ausgewählten Unternehmen, welche Marketingstrategie sie verfolgen. Präsentieren und vergleichen Sie Ihre Ergebnisse.

2. Sammeln Sie arbeitsteilig aus dem Wirtschaftsteil von Tageszeitungen und Fachzeitschriften Artikel, in denen über Erfahrungen von Unternehmen mit der Umsetzung von Marketingstrategien berichtet wird.

Fassen Sie diese Erfahrungsberichte in Form von Kurzreferaten zusammen, die Sie vor der Klasse halten.

3. Einige Jungunternehmer/-innen planen, ein Einzelhandelsgeschäft für Papier- und Schreibwaren zu gründen, in dem nur umweltfreundliche Artikel angeboten werden sollen. Entwickeln Sie für dieses Unternehmen den entsprechenden Marketingmix der absatzpolitischen Instrumente.

4. Welche Rolle kann Ihrer Meinung nach E-Commerce im Rahmen des Marketingmix eines Unternehmens spielen? Erläutern Sie dies anhand eines Beispiels. Berücksichtigen Sie bei der Bearbeitung dieser Aufgabe die folgenden Basisinformationen zum E-Commerce.

E-Commerce	
Begriff	**Ziele**
Electronic-Commerce („E-Commerce" oder „E-Business") ermöglicht die umfassende, digitale Abwicklung von Geschäftsprozessen zwischen Unternehmen und deren Kunden über öffentliche (Internet) und private Netze. Dabei beinhaltet das Electronic-Commerce auch die digitale Bezahlung und, was digitalisierbare Güter (z. B. Musik, Videoclips) und Dienstleistungen angeht, eine digitale Übertragung.	E-Commerce beschleunigt die Abwicklung von Geschäftsprozessen, gestaltet häufig Prozessabläufe effizienter und senkt damit die Kosten für die Beteiligten. Auf Marktveränderungen kann mithilfe von E-Commerce in der Regel schneller reagiert werden (z. B. über sofortigen Informationsaustausch).

Formen des E-Commerce

B2B = Business-to-Business: Geschäftsbeziehungen zwischen Unternehmen sowie öffentlichen Institutionen

B2C = Business-to-Consumer oder Business-to-Customer: „Electronic Shopping" von Konsumenten, die über das Internet oder per Onlinedienst Waren kaufen

B2G = Business-to-Government: Geschäftsbeziehungen zwischen Unternehmen und staatlichen Einrichtungen

Intra-Business = Intra- und/oder Extranet unterstützen Geschäftsprozesse und Kommunikationsbeziehungen.

aus: Hübscher, Heinrich, u. a., IT-Handbuch für IT-System-Kaufmann/-frau, 6. Auflage, S. 387, Westermann Schulbuchverlag GmbH, Braunschweig 2009

5. Der Portfolio-Matrix liegt die Idee des Produkt-lebenszyklus zugrunde, die besagt, dass Produkte dem Prinzip des „Werdens und Vergehens" unter-liegen.

a) Ordnen Sie die Begriffe Schrumpfung, Wachstum, Markteinführung und Marktsättigung den vier

Feldern der unten abgedruckten Portfolio-Matrix zu.

b) Welche Schlussfolgerungen kann ein Unterneh-men aus dem Portfolio-Ansatz für die weitere Unternehmenspolitik ziehen?

Portfolio-Analyse

Begriff	Ziele
Die Portfolio-Analyse (portfolio [engl.] = Mappe, hier im übertragenen Sinn eine Mappe mit den Produkten eines Unternehmens) ist ein weitverbreitetes Instrument strategischer Unternehmens- und Marketingplanung, mit der Chancen und Risiken der Produkte im Absatzmarkt sichtbar gemacht werden.	Das Hauptziel der Portfolio-Analyse besteht darin, die Wachstumsmöglichkeiten des Unternehmens unter Berücksichtigung vorhandener Ressourcen zu erkennen und betriebswirtschaftliche Schlussfolgerungen zu ziehen.

Portfolio-Matrix

Ein Unternehmen muss sich laufend über die aktuelle Wettbewerbsposition seiner Produkte informieren. Hierfür wird häufig das Instrument der Portfolio-Matrix angewandt. Sie stellt in vier Feldern die beiden zentralen Einflussfaktoren „Marktanteil" und „Marktwachstum" gegenüber und unterscheidet auf jeder Achse die Intensitätsgrade „niedrig" und „hoch". In jedem der vier Matrixfelder treffen hohes und niedriges Marktwachstum mit hohen oder niedrigen Marktanteilen zusammen.

Mithilfe der Matrix werden die Produkte eines Unternehmens aufgeteilt in:

I   Fragezeichen/Hoffnungen („Question marks"), d. h. Nachwuchsprodukte

II   Sterne („Stars"), d. h. Zukunftsprodukte

III Milchkühe („Cash cows"), d. h. Basisprodukte und

IV   Arme Hunde („Poor dogs"), d. h. Ergänzungsprodukte

Diese vier Begriffe beschreiben die derzeitige Wettbewerbssituation der Produkte (Maßstab ist der prozentuale Marktanteil) sowie deren zu erwartendes Marktwachstum (gemessen in Prozent).

Markt-wachstum

I **Fragezeichen/Hoffnungen** („Question marks") **?** **Nachwuchsprodukte** = Produkte mit (noch) kleinem Marktanteil, aber hohem Wachtumsanteil Stratregie: Beobachten und ggf. fördern zwecks Erweiterung des Marktanteils oder bei aussichtsloser Marktsituation zurückziehen oder verkaufen	**II** **Sterne** („Stars")  **Zukunftsprodukte** = Produkte mit großem Marktanteil und weiter wachsendem Absatz Stratregie: Marktanteil halten bzw. leicht ausbauen zur Sicherung des Unternehmenswachstums
IV **Arme Hunde** („Poor dogs")  **Ergänzungsprodukte** = Produkte mit kleinem Marktanteil und niedriegen Wachtumsraten Stratregie: Produkte unauffällig aus dem Markt nehmen oder verkaufen	**III** **Milchkühe** („Cash cows")  **Basisprodukte** = Produkte mit großem Marktanteil, wobei das Wachstum schon stagniert Stratregie: Marktanteil halten, Ertragsquellen melken

hoch

niedrig

(relativer) Marktanteil

niedrig   hoch

Betriebswirtschaftliche Bedeutung

Aus der Portfolio-Analyse lassen sich erste Hinweise und Ansatzpunkte für die künftige strategische Gestaltung von Produkt-Markt-Aktivitäten ableiten. Jedes Unternehmen muss also Vorsorge treffen, dass es jederzeit über genügend „Fragezeichen/Hoffnungen", „Sterne", und „Milchkühe" verfügt, damit es auch „arme Hunde" verkraften

kann, zu denen alle Produkte in der Endphase ihres Produktlebenszyklus einmal werden. Dabei ist es besonders wichtig, ständig für genügend Nachwuchs an Produkten, d. h. für „Hoffnungen" zu sorgen, damit das Unternehmen fortbestehen kann.

aus: Hübscher, Heinrich, u. a., IT-Handbuch für IT-System-Kaufmann/-frau, 6. Auflage, S. 342, Westermann Schulbuchverlag GmbH, Braunschweig 2009

VIII. Internationales Marketing

1. Listen Sie aufgrund von Zeitungsberichten über international tätige Unternehmen auf, welchen Risiken diese Unternehmen bei absatzpolitischen Aktivitäten auf Auslandsmärkten ausgesetzt sind.

2. Erkunden Sie (z. B. durch Analyse ausländischer Zeitschriften), welche multinationalen Unternehmen eher ein global standardisiertes, welche eher ein multinational differenziertes Marketing betreiben. Versuchen Sie zu begründen, warum sich diese Unternehmen für die jeweils gewählte Marketingstrategie entschieden haben.

3. Gerade in Ländern der Dritten Welt wird das Internationale Marketing von multinationalen Unternehmen der hoch industrialisierten Staaten häufig kritisiert. Was steht im Mittelpunkt dieser Kritik? Wie sollten diese Unternehmen Ihrer Meinung nach auf die Kritik reagieren?

4. Welche Rolle können Ihrer Meinung nach sogenannte Portale im Rahmen des internationalen Marketings einnehmen? Beantworten Sie diese Fragestellung unter Zuhilfenahme der folgenden Basisinformationen.

Elektronische Marktplätze

Unternehmen vereinbaren mit Mitbewerbern, für den kostengünstigen Einkauf von Produkten einen gemeinsamen **Handelsplatz** im Internet einzurichten. Beispielsweise entstand über eine derartige Vereinbarung ein elektronischer Megamarktplatz für die Zulieferbetriebe von Autokonzernen. Spezielle Softwarehäuser richten dazu geeignete **Portale** ein. Die entstandenen **Onlinemarktplätze** ermöglichen aufgrund der raschen elektronischen Reaktionsmöglichkeiten kurzfristige Dispositionen, die Preistransparenz erhöht sich. Viele Einzelarbeitsschritte des bisherigen Beschaffungsvorganges werden verzichtbar. Die Einkäufer können sofort vergleichen, wer das günstigste Angebot offeriert; sie können sich auch zusammenschließen, um höhere Rabattsätze zu erreichen, oder sie führen Auktionen durch, bei denen die Lieferanten mit ihren Angeboten in Wettbewerb treten. Der Einkauf mittels der E-Commerce-**Plattform** führt in der Regel zu einer deutlichen Kostensenkung. Diese Preisvorteile beim Einkauf können kalkulatorisch dazu führen, dass die Unternehmen ihre Produkte und Dienstleistungen preiswerter im Absatzmarkt anbieten können. Betriebswirtschaftlich effizientere Lösungen führen somit volkswirtschaftlich zu einem verstärkten (internationalen) Wettbewerb und zu einer möglichen Erhöhung des Bruttoinlandsproduktes.

Arten von Portalen

Ziel: Reduzierung der Informationsflut des Internets (Kosten- und Zeitersparnis) beim User, zielgruppenspezifisches Direktmarketing beim Anbieter (Vermeidung von Streuverlusten, Erhöhung der Kontaktrate)

Lösung: Zielgruppenspezifischer Einsatz des Internets durch Nutzung von **Portalen**

Arten von Portalen

B2B-Portale	**B2C-Portale**	**Portal-Networks**
für spezielle Produkte/Leistungen eines informationssuchenden **Unternehmers**	für spezielle Produkte/Leistungen eines informationssuchenden **Konsumenten**	„Eingangstore" für spezifische User, die Verknüpfungen zu **sämtlichen Bedürfnissen** des Users bieten
Beispiel: Ein Industriebetrieb sucht in einem Portal für Büroausstattung nach Schreibtischen.	**Beispiel:** Ein Endverbraucher sucht in einem Portal für Musik nach einer CD-Rarität.	**Beispiel:** Ein Autokäufer sucht in einem Portal für Autos nach einem neuen Auto, einer geeigneten Finanzierung und einer günstigen Versicherung.

aus: Hübscher, Heinrich, u. a., IT-Handbuch für IT-System-Kaufmann/-frau, 6. Auflage, S. 387, Westermann Schulbuchverlag GmbH, Braunschweig 2009

IX. Marketing-Organisation

1. Erstellen Sie ein Organigramm des organisatorischen Aufbaus Ihrer Schule oder des Unternehmens, in dem Sie tätig sind.

2. Interviewen Sie arbeitsteilig in einem Unternehmen Ihrer Wahl die für die Organisationsfragen zuständige Person, welche Organisationsstruktur das Unternehmen aufweist. Erkundigen Sie sich nach den gewonnenen Erfahrungen mit diesem Organisationsmodell.

3. Erkunden Sie in der betriebswirtschaftlichen Fachliteratur, welche unterschiedlichen Organisationsformen in der Aufbauorganisation eines Unternehmens unterschieden werden. Präsentieren Sie die von Ihnen herausgesuchten Organisationsformen der Klasse in geeigneter Form.

X. Rechtliche Aspekte des Marketings

1. Erarbeiten Sie eine Werbemaßnahme, die den rechtlichen Anforderungen entspricht, für ein Produkt Ihres Unternehmens

a) für Deutschland.

b) Überprüfen Sie, ob die Werbemaßnahme für das Ausland (z. B. USA) unverändert übernommen werden könnte.

2. In welcher Form kann Telefonwerbung durchgeführt werden, ohne dass sie gegen gesetzliche Bestimmungen (UWG) verstößt?

3. Erkundigen Sie sich in Ihrem Unternehmen, welche Rabatte in welcher Höhe für welche Kunden gewährt werden. Können die Rabatte in der Kalkulation entsprechend berücksichtigt werden?

4. Ermitteln Sie, welche Zugaben Ihr Unternehmen gewährt. Überprüfen Sie, ob die Zugaben den Bestimmungen der Zugabenverordnung entsprechen.

5. Sammeln Sie arbeitsteilig in den Tages- oder Wochenzeitungen Artikel über geplante Unternehmenszusammenschlüsse, bei denen das Kartellamt die Rechtmäßigkeit überprüft. Fassen Sie die Artikel in Form von Kurzreferaten zusammen, die Sie vor der Klasse halten.

6. Überprüfen Sie, ob das Produkthaftungsgesetz (ProdHaftG) in Ihrem Unternehmen vorhanden und inwieweit es von Bedeutung ist. Besorgen Sie sich gegebenenfalls eine Informationsbroschüre bei der IHK und/oder suchen Sie eine Bibliothek auf, um sich weitere Informationen zu beschaffen (z. B. Kommentar zum Gesetz).

7. Interviewen Sie Mitarbeiter/-innen der Rechtsabteilung eines Herstellerunternehmens, welche Erfahrungen bisher mit dem Produkthaftungsgesetz gemacht wurden. Stellen Sie Ihre Befragungsergebnisse anschließend der Klasse vor.

Handlungsorientierter Unterricht und die Aneignung von Fachwissen müssen nicht als Gegensatz verstanden werden. Die folgenden abgedruckten Fachbegriffe sind dazu geeignet, das mithilfe des Arbeitsheftes erworbene Fachwissen auf spielerische Weise zu überprüfen und zu vertiefen. Die mit Begriffen gefüllten Rechtecke sollten ausgeschnitten werden, sodass einzelne Kärtchen entstehen.

Spielanleitungen

1. Verteilen Sie die Kärtchen gleichmäßig auf die vorhandenen Gruppen in der Klasse. Abwechselnd zieht jedes Gruppenmitglied eine Karte und muss den Begriff mit eigenen Worten erläutern. Die anderen Gruppenmitglieder können vertiefende Fragen stellen.

2. Die Lerngruppe/Klasse bildet zwei Teams, denen abwechselnd ein Begriff zur Beantwortung zugeteilt wird. Innerhalb einer vorgegebenen Zeit muss die Gruppe den Begriff erläutern. Bei Nichtbeantwortung erhält die andere Gruppe die Chance zur Antwort. Zwei bis vier Schüler/-innen sollten als Schiedsrichter/-innen fungieren, die die Verteilung der Kärtchen und die Richtigkeit der Antworten mithilfe des Arbeitsheftes Absatz überprüfen und an der Tafel die Punkte notieren. Für jede richtige Antwort gibt es einen Punkt. Gewonnen hat die Gruppe mit den meisten Punkten.

Viel Spaß!

Die nachfolgenden Rollenkarten (s. ab S. 92) können entsprechend der Aufgabe 24 auf Seite 46 eingesetzt werden.

Umsatz	Stichprobe	Brainstorming
Absatz	Quotenauswahl	Produktpolitik
Gewinn	Interview	Sortimentspolitik
Kosten	Paneltechnik	Produktmarkierung
Verhältniszahlen	Test	Warenzeichen
Gliederungszahlen	Experiment	Produktdifferenzierung
Beziehungszahlen	Zielgruppe	Produktdiversifikation
Indexzahlen	Quotenanweisung	Produktelimination
Revision	Proband	Produktlinie
Export	Kundentypologie	Produktlebenszyklus
Marktuntersuchung	Clusteranalyse	Programmstruktur
Marktforschung	Kaufmotive	Sortimentsstruktur
Marktprognose	Konsumentengruppen	Kernsortiment
Marktforschungsinstitut	Marktsättigungsgrad	Randsortiment
Primärforschung	Produktgruppe	Sortimentsbreite
Sekundärforschung	Sortiment	Sortimentstiefe
Vollerhebung	Preissegment	Preispolitik
Teilerhebung	Singlehaushalt	Kommunikationspolitik
Feldforschung	Marktanteil	Konditionenpolitik
Fieldresearch	Produktinnovation	Rabattpolitik
Deskresearch	Organigramm	Kreditpolitik
Quotenverfahren	Werbung	Einzelkosten
Zufallsauswahl	Servicepolitik	Gemeinkosten

Selbstkosten	Werbeträger	Marketing
Gewinnzuschlag	Werbemittel	Zentrallager
Herstellkosten	Werbebotschaft	Regionallager
Fertigungskosten	Werbeetat	Eigenlager
Materialkosten	Werbetiming	Fremdlager
Kundenskonto	Werbegewinn	Absatzorgane
Provision	Werbekosten	Marketingstrategie
Fixkosten	Kultursponsoring	Standardisierung
Preisuntergrenze	Umweltsponsoring	Kursrisiko
Treuerabatt	Sponsor	Bonitätsrisiko
Bonus	Mediastreuplan	Wettbewerbsrecht
Skonto	Distributionspolitik	Rabattgesetz
Preisdifferenzierung	Absatzweg	Preiskartell
Leasing	Absatzmittler	Zugaben
Werbung	Marketinglogistik	Markenschutz
Salespromotion	Reisender	Musterschutz
Verkaufsförderung	Einzelhandel	Patentamt
Direktwerbung	Großhandel	Musterregister
Sponsoring	Handelsvermittler	Geschmacksmuster
Werbeziel	Handelsvertreter	Produkthaftung
Sammelwerbung	Kommissionär	E-Commerce
Einzelwerbung	Handelsmakler	Portfolio-Analyse
Werbezielgebiet	Franchisesystem	Käufermarkt

ROLLENKARTE

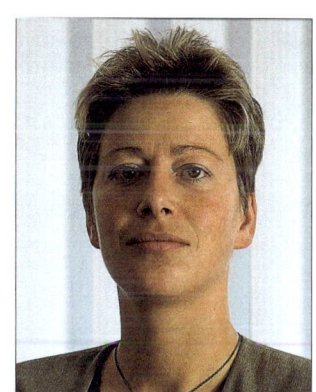

Name:

Frau Dr. Westphal

Funktion:

Hauptabteilungsleiterin Absatz

Gesprächseinleitung:	– über Produkt- und Sortimentspolitik der Produktgruppe 3 beraten
	– Produktgruppen 1 und 2 besprechen
	– über Preis- und Kommunikationspolitik Gedanken machen
Ziel:	– zwei neue Grundmodelle von Geschirrspülern entwickeln
Bedingungen für neue Geräte:	– neue ökologische Anforderungen erfüllen
	– geräuscharm
	– modernes Design
	– hohe Qualität
Gerätetypen:	– Kleingerät für „Singles" und die „neuen Alten"
	– normal großes Gerät für die „Kleinfamilie" und die „Normalfamilie"
Konzeptionsvorschlag:	– Rücknahmegarantie für Altgeräte
Nach Zustimmung zum Konzept:	– auch die anderen Absatzinstrumente überarbeiten
	– geschlossene Marketingkonzeption erarbeiten

ROLLENKARTE

Name:

Herr Peterßen

Funktion:

Leiter der Abteilung Unternehmensplanung

– möglichst rasch geschlossene Marketingkonzeption für Produktgruppe 3 (sollte neben Produkt- und Sortimentspolitik auch Preis-, Kommunikations- und Distributionspolitik enthalten)

ROLLENKARTE

Name:
Herr Dr. Knies

Funktion:
Vorstandsvorsitzender

– Vorschläge der Abteilung „Marketing" berücksichtigen

– Hauptabteilungen sollen notwendige Schritte einleiten

– Serienproduktion: Zusammenarbeit der Abteilungen „Konstruktion und Entwicklung",

  „Beschaffung" und „Fertigung"

– Konzept: Vorstand wird sicherlich zustimmen

– bewährt sich Marketingkonzept auf dem Inlandsmarkt, entsprechendes Konzept für die

  Auslandsmärkte entwerfen

ROLLENKARTE

Name:
Herr Kanowski

Funktion:
Hauptabteilungsleiter Konstruktion und Entwicklung

– neue Produktlinie: Geräuschentwicklung der Geschirrspüler kann um 40 % gesenkt werden

– Herstellungskosten werden um ca. 5 %   10 % steigen

ROLLENKARTE

Name:

Herr Fischer

Funktion:

Hauptabteilungsleiter Fertigung

– neue Fertigungstechniken ermöglichen ca. 3 % Kosteneinsparungen

– aktuelle Trends: Bauteile für neue Kühlschränke mit ESM sollten recyclingfähig sein

– verschiedene Materialien: nummerieren für sortenreines Recycling

---

ROLLENKARTE

Name:

Frau Gottschalk

Funktion:

Hauptabteilungsleiterin Finanzierung

– rückläufige Umsätze: finanzielle Rücklagen sind geschrumpft

– notwendige Investitionen: langfristige Finanzierung, teilweise mit Fremdkapital

– für Konzept: entsprechende Finanzplanung erstellen

ROLLENKARTE

Name:

Herr Bertram

Funktion:

Hauptabteilungsleiter Beschaffung

– Recyclingkonzept (Rücknahmegarantie für Altgeräte) hat Auswirkungen auf

Beschaffungspolitik

– langfristige Lieferverträge eventuell kündigen oder entsprechend abändern (falls möglich)

– günstigere Einkaufskonditionen aushandeln

– eventuell neue Beschaffungsquellen suchen, vielleicht auch im Ausland

– Gesamtkonzept ist beschaffungsorganisatorisch zu lösen

ROLLENKARTE

Name:

Frau Sienknecht

Funktion:

Betriebsratsvorsitzende

– neue Absatzpolitik soll auch langfristig Arbeitsplätze sichern

– Herstellung ökologischer Produkte mit ökologischen Fertigungstechniken erhöht

Motivation der Belegschaft

– neue Fertigungstechniken müssen arbeitnehmerfreundlich sein, z. B. dadurch keine

Einkommenseinbußen

ROLLENKARTE

Name:

Frau Raschke

Funktion:

Hauptabteilungsleiterin Personalwesen

– motivationsfördernde Wirkung durch neue Absatzpolitik

_____
_____
_____
_____
_____
_____
_____
_____
_____
_____

ROLLENKARTE

Name:

Herr von Laschnitz

Funktion:

Leiter Pressestelle/Öffentlichkeitsarbeit

– neues Konzept: Image des Unternehmens wird verbessert

_____
_____
_____
_____
_____
_____
_____
_____
_____

FEEDBACK-FAX

Von: **Name:**
(freiwillige Angaben)

Datum:

Bundesland:

Ausbildungsberuf bzw. Schulform:

Anzahl Seiten:

An: **© Bildungshaus Schulbuchverlage**
Westermann Schroedel Diesterweg
Schöningh Winklers GmbH
Postfach 30 20, 38023 Braunschweig

Tel.. **01805 996696**
Fax: **0531 708-664**

TELEFAX

Arbeitsheft Absatz/Marketing

1. Wie viel Zeit haben Sie insgesamt für die Bearbeitung des Arbeitsheftes Absatz/Marketing benötigt?

   Angabe in Stunden: ☐

2. Bei welchen Aufgaben hatten Sie Probleme? Aufgaben-Nr.: _____

3. Wie beurteilen Sie das Arbeitsheft insgesamt hinsichtlich des Schwierigkeitsgrades?

   ☐ leicht　　☐ mittel　　☐ schwer

4. Wie viel Prozent des Arbeitsheftes (ohne Anhang) haben Sie bearbeitet?

   ☐ 50 %　　☐ 75 %　　☐ 90 %　　☐ 100 %

5. Haben Sie die im Anhang enthaltenen Rollenkarten bearbeitet?

   ☐ Ja　　☐ Nein

6. Haben Sie die im Anhang enthaltenen Aufgaben bearbeitet?

   ☐ Nein　　☐ Ja, bis zu 50 %　　☐ Ja, mehr als 50 %

7. Welche kritischen Hinweise und weiteren Anregungen können Sie dem Autorenteam geben?

   _____

   _____

   _____

   _____

   _____

   _____

   _____

   _____

   _____

   _____